钱青 龚品豪 · 著

海派
青铜器修复技艺

上海科学技术出版社

序 一

在浩渺的历史长河中，中国古代青铜器以其独特的魅力和深邃的内涵，成为中华文化宝库中的璀璨遗珍。它们不仅承载着古代社会的政治礼制、宗教信仰、审美趣味和科技水平，更是连接过去与现在的桥梁。历经数千年的岁月洗礼，众多青铜器出土或者被发现时已经面目全非，为此青铜器修复工作对于保护和传承这些宝贵的文化遗产具有至关重要的意义。

上海博物馆（以下简称上博）自 1958 年设立文物修复工场以来，一直是国内文物修复领域的先行者。特别是上博的青铜器修复团队拥有高超的修复技艺，他们不仅修复了大量馆藏珍宝，还为国内外多个文博机构修复了上千件文物，包括国宝级重器和重要的考古发现。这些成果展示了上博在青铜器修复领域的顶级专业水平，并在国际上赢得了良好声誉。

青铜器修复，既是一项传统技艺的"绝活"，还是一项科技含金量很高的"绝学"。不仅要求修复师具备高超的手工技能，更需要深厚的历史学、考古学、化学、材料学等多学科知识。为此，上博的青铜器修复团队十分注重人才培养。早在 1975—1984 年，国家文物局就委托上博开办的全国青铜器修复培训班，培养了一大批业务骨干，并将这一技艺传播至全国各地。至今，当年培养的修复师们仍在为全国乃至世界各地的博物馆提供专业的服务，为青铜文物的保护与展示贡献力量。

上博的青铜器修复技艺最早可以追溯到清宫的修复师，经过几代人的不懈努力，形成了独特的"海派"风格。这一技艺已经传承了四代，成为国家级非物质文化遗产代表性项

目。《海派青铜器修复技艺》的出版，是上博海派青铜器文物修复技艺第三代代表性传承人钱青女士三十多年来潜心于青铜器修复领域的一次理论与经验的总结，也为公众试图解锁青铜器修复奥秘提供了一把"钥匙"。书中不仅有专业的修复知识，更有丰富的图片，大量的修复案例，使读者能够更加直观地了解青铜器修复的全过程，感受修复师们在每一道工序中所倾注的心血与智慧。我们也希望通过这本书，能够激发更多读者对青铜器修复技艺的兴趣，吸引更多年轻人投身于这一领域，共同为保护和传承这一非物质文化遗产而努力。

开展青铜器修复技艺的研究，不仅关乎技艺的传承，更是文化自信、自强的重要组成部分。在中华民族伟大复兴的征程中，我们有责任也有义务，将这一技艺传承下去，让更多人了解青铜器的文化价值和历史意义。借此，也向所有为青铜器修复做出贡献的修复师们表示由衷的敬意。让我们一同走进青铜器和青铜器修复的世界，感知那份古老文明的震撼，感触这份特殊技艺的魅力。

上海博物馆馆长

2024 年 12 月

序 二

青铜器在中国古代文明中占有十分重要的地位。青铜器研究内容包括其型制、纹饰、铭文、成型技术、装饰技术、修复与保护等诸多领域。上海博物馆的青铜器研究素以成系统而闻名，其青铜器的修复水平亦闻名于国内外。

作者钱青在青年时期学习雕塑和艺术设计，成绩优异，有多件作品留校获市级奖项。有此基础，上个世纪 90 年代被推荐入职上海博物馆的文物修复研究室（河南路老馆）并师从文物修复大师黄仁生先生学习青铜器的修复与复制。适逢上海博物馆（人民广场新馆）建设，她修复了大量的馆藏文物，涉及铜质、石质、玉质、角质、木质、金银质等各种材质，有青铜器、佛像、印章、钱币、工艺品杂项及家具配件等，专业技能得到大幅提升。自 1993 年进入上海博物馆以来，钱青在中国古代青铜器修复实践与研究领域取得不少成就，她的修复技艺也得到了上海博物馆同仁及青铜器研究专家的高度认可，2020 年成为上海博物馆，也是上海地区从事文物修复专业的第一位正研究馆员。

犹记上海博物馆建设人民广场新馆时，老馆长马承源构想大厅楼梯栏杆扶手端部饰以铜质龙首，扶手栏杆成为两条巨龙、沿四层楼梯围绕于大厅中，既能体现出上博在青铜收藏和研究方面的特色，又突出展现中国传统的龙文化。钱青在接到马承源馆长要求雕塑龙首模型的任务之后，出色地将马馆长的奇思妙想付诸实施，本人则为之选择了仿金黄铜以失蜡法铸造成型，如今近三十年过去，上博大厅的龙首仍金光灿烂地喜迎各方观众，恢宏气势，丝毫不减当年。

　　此书稿是钱青从业三十余年的文物修复工作的经验之谈，通过她自身的工作内容展开，以一个一个的案例，修复前后的对比照片，说明文物修复前后的变化，展示了肉眼可见的修复效果。书中深入浅出地把青铜器文物修复中的各类问题做了剖析，从青铜器各种病害的成因，到如何检测及如何选用相适用的修复方法等，一一做了介绍，总结了以青铜器为主的立体类文物的修复及复制的方法。特别是书中总结和梳理的一些珍贵的老照片和资料，有非常重要的意义。书中从青铜器修复的历史谈至具体的修复个例，从古代的青铜铸造工艺谈到现代的复制方法，不仅对传统的青铜修复技艺做了详尽的介绍，还提供了上博化学做色的经验之谈，含金量极高。同时，作者能够在不影响修复效果的前提下，根据实际情况出发，与时俱进地选用新材料、新技术，更新完善迭代繁琐的旧工艺，展现了其修复理念、技艺的独到见解。总之本书内容既生动有趣，又全面系统。

　　读完这本书后深感作者对器物锈层的观察颇为细致，不仅通过传统的方法对锈进行色、形、分层等方面观察，还利用先进的科技手段检测成分、金相等方面说明锈的成因，然后说明各种锈蚀物应该分别采用何种方法才能有效、安全去除。此外，本书的修复章节中，除了以每件文物修复的流程为主线以外，会根据每件器物修复的损坏情况及修复难点归类，放置于相应修复流程中加以说明，重难点突出，便于读者学习和理解，是本书的又一特色。

　　本书立足大量图片、实物及文献资料，使读者通过图文并茂的形式逐步了解青铜器修复技艺，是一本难得的技法类图书。它的出版为专业及业余爱好者提供了很好的学习机会，非常适合博物馆、文保工作人员、收藏家、工艺美术师及修复工作者和相关专业院校师生以及业余爱好者阅读。青铜器修复不仅是对古代文化遗产的保护，也是对古代历史、艺术和科学价值的传承和弘扬。以往学术界对青铜器的修复关注度不高，研究深度远不如青铜器鉴定领域，实践展示青铜器修复过程的更是少之又少，可说是一个不小的缺憾。本书内容正是以往文博学者较少涉及的领域，由上海博物馆专业背景的文物工作者切入这一研究工作，出版《海派青铜器修复技艺》，无疑是个很好的开端，必将促进相关学术与文化工作的进一步深入开展。

中国传统工艺研究会原会长
中国艺术铸造专业委员会原主任委员
上海博物馆研究员
2024 年 12 月

序 三

青铜器作为古代文明的重要标志和历史记忆的载体，有着重要的历史、艺术、科学、文化和社会价值。海派青铜器修复技艺是中国传统手工艺的重要组成部分，它融汇了传统工艺的精粹与现代科技的智慧，其独特的视角和手法，在中国乃至世界文物修复领域独树一帜。

海派青铜器修复技艺发源于上海地区，深受江南文化底蕴熏陶，既继承了中国传统青铜修复技术体系和修复理念，又深受海派文化的兼收并蓄、海纳百川精神的影响，融合其他专业门类的技术精髓，创新发展青铜文物修复技术，形成了独具特色的实践方法与理论体系。

此专著是钱青女士多年深耕青铜器修复领域的一次总结，详尽深入地剖析了海派青铜器修复技艺的起源与发展历程，阐述了青铜器从锈蚀清理、型制复原到纹饰补全等各个环节的独特工艺流程，并结合大量珍贵案例，生动展示了海派修复师们如何运用匠心独运的手法将被岁月侵蚀的青铜重器恢复原貌、化腐朽为神奇的过程。同时还探讨了在当今时代背景下，海派青铜器修复技艺如何与时俱进，积极融入现代文物保护理念，利用先进科技手段提升修复效率与精度，实现对古代青铜文化的传承与弘扬。

海派青铜器修复技艺的传承和发展，离不开一代代匠人们对这一技艺的热爱和执着。他们通过精湛的技艺和严谨的态度，让一件件破损的青铜器得以重获新生，展现出

传统文化的魅力和生命力。此技艺以科学、精准、尊重原貌为原则，注重青铜器的历史信息，并进行最大程度的保护和还原，使之在修复过程中焕发出新的生命力。

本专著为广大读者深入理解和掌握海派青铜器修复技艺，提供了宝贵的资料和经验。通过这本书，不仅可以学习到海派青铜器修复过程中所使用的具体技术和方法，也可以深入了解青铜器修复背后的文化内涵和历史背景。

湖北省文物考古研究院研究馆员

国家文物局专家库专家

2024 年 12 月

前　言

随着《我在故宫修文物》《如果国宝会说话》《国家宝藏》等文博类纪录片的热播，公众对青铜器的兴趣日益浓厚，青铜器修复技艺也得到了关注，这令我们这些文物修复师感到无比欣慰。

然而，青铜器修复绝非易事，很难自学成才。上海博物馆的青铜修复技艺一直走在行业前列，海派青铜文物修复技艺经过历代修复师的不断改进和完善，形成了独具地方特色的技艺。作为上海博物馆青铜器修复及复制技艺的第三代传承人之一，我从事青铜器修复工作已逾三十年，深感普及青铜器及其修复文化知识的责任重大。因此，也萌生了编撰一本系统介绍青铜器修复知识专著的想法。

希望《海派青铜器修复技艺》能为文物修复爱好者提供一些学习指导，同时为博物馆工作人员、文保人员、收藏家、工艺美术师、修复工作者等专业从业者提供参考和启发，帮助读者深入了解和认识青铜器修复的专业知识和技能。本书的编写主要考虑了以下三个方面：

理论框架的构建·前两章详细介绍了文物修复的历史、目的、理念、原则和意义，为读者构建青铜器修复的概念和理论基础，通过青铜器修复工作的概述，介绍实际的修复工作内容，为读者搭建青铜器修复的基础知识框架。

实践操作的再现·通过 50 多个实际案例，重点讲解去锈、整形、拼接、补缺、做色做旧等核心修复技艺，图文结合的形式使内容更加生动形象；再现海派青铜器传统化

学做色、高精密石膏模型模具制作、青铜超精密铸造配缺，以及现代 3D 打印补缺等技术；书中还探讨了青铜器修复技艺在其他材质文物修复中的应用，拓宽了读者的视野。

文化内涵的沉淀·书中不仅提供了丰富的"干货"，还涵盖了传统青铜器修复技艺的历史发展和海派青铜器修复技艺的传承脉络，增加了文化内涵的可读性。附录中提供了古代青铜器器型和纹饰翔实的总结和大量精美的图片，为读者提供了宝贵的参考资料。

本书不仅是理论指导书，也是实践操作手册。通过分享海派青铜器修复的精湛技艺，希望能够激发更多读者对青铜器修复的兴趣，吸引更多的爱好者投身于文物修复与保护的行列，共同致力于让那些历史悠久、美丽非凡的青铜器重现昔日的辉煌，将它们的璀璨光芒传承给未来的世代。这不仅是我携弟子编写此书的初衷，更是作为文物修复工作者的使命与责任。

钱 青

2024 年 12 月

目 录

第四章
青铜器的制造技术 161

第一章
青铜器修复的历史与传承

第一节
青铜时代及青铜器的研究内容

一、什么是青铜?

青铜是指红铜和其他元素的合金,如铜与锡的合金为锡青铜,铜与铅的合金为铅青铜,还有铅锡青铜、镍青铜等。青铜器刚刚被铸造出来时是金色的,所以古时也被称"金"或者"吉金",经过岁月的洗礼,逐渐变为青绿色,因而得名青铜器。

青铜熔点比纯铜熔点低,硬度比纯铜硬度高,体积比原来的金属略大。纯铜若加 15% 的锡,熔点由 1 083 ℃ 降低到 960 ℃;若加 25% 的锡,熔点就会降到 800 ℃。因此,冶炼青铜比冶炼纯铜有更容易达到的条件。纯铜由于质地较软,加入锡后会提高硬度。红铜若加 5% ~ 7% 的锡,硬度由原来的 35 ~ 45 度(Brinell,译成布氏硬度)增高到 50 ~ 60 度;若加 7% ~ 9% 的锡,硬度增高到 65 ~ 70 度;若加 9% ~ 11% 的锡,硬度会增高到 70 ~ 80 度,比纯铜硬度提高一倍以上。而加入铅后的青铜冷凝时体积略有胀大,填充性更好,解决了纯铜流动性差,成品带有气眼的铸造缺陷。以上这些都使得青铜合金拥有了比纯铜更良好的铸造性能。

二、什么是青铜时代?

铜是人类最早发现的金属之一,也是人类最早开始使用的金属。人类最早使用的铜是自然铜,在伊拉克发现了公元前 10 000—公元前 9 000 年用自然铜做的装饰品。伊朗西部使用自然铜做装饰品的时间是公元前 9 000—公元前 7 000 年。最早的青铜器可追溯到 6 000 年前的古巴比伦两河流域,苏美尔文明时期雕有狮子形象的大型铜刀是早期青铜器的代表。埃及进入铜石并用的时期大约是在公元前 4 000 年。

青铜器的出现标志着人类文明的重要进步，它不仅在工具制造上提供了更坚硬的材料，还在武器和装饰品等方面展现了人类技术的进步。青铜器的制作和使用，反映了当时社会的组织能力和技术水平的提升，是研究古代社会文化和经济发展的重要资料，考古学上把使用青铜的时代称之为青铜时代或青铜文明。

1. 西方的"青铜时代"概念

青铜时代一词是西方所输入，为丹麦考古学家汤姆森最先在他的《北方古物指南》中使用，称青铜时代为以红铜或青铜制成武器和切割器的时代。英国考古学家戈登·柴尔德将青铜时代分为三段模式。第一段模式中，兵器和装饰品是用红铜或青铜的合金制作，但是专用工具很少，石器制作得很仔细。第二阶段，红铜和青铜在手工业中经常起作用，但不用于农畜活动，也不用于粗重作业。第三阶段，金属器具引进用于繁重的农业劳动中。以上也是欧洲青铜时代的特征。

2. 中国的"青铜时代"概念和发展阶段

中国青铜时代与欧洲青铜时代的特征颇为不同，我们以大量使用青铜生产工具、兵器和大量使用青铜礼器为特征。

中国进入青铜时代之前，是一个漫长的技术和经验积累的过程。在西安半坡仰韶文化遗址中曾发现过质地不纯的黄铜片，陕西临潼姜寨的仰韶文化遗址中也发现了成分不纯的黄铜片（这个发现考古学界曾经有过争议），但在山东胶县三里河龙山文化遗址中也曾出土了两件铜锥，分析为铜锌合金。早期可能由于其铜矿含量的不同，冶炼出的不一定是纯红铜。1978 年甘肃东乡林家出土的属于马家窑文化马家窑类型的青铜刀（现存中国国家博物馆），是迄今为止中国发现的最早青铜器（公元前 3 280—公元前 2 740 年）。

中国进入青铜时代大约在公元前 2 000 年左右，用青铜、红铜、黄铜为铸料，热铸和冷锻同时存在，经夏、商、西周、春秋、战国和秦汉，分为发展、高峰、衰退阶段。商晚期和西周早期，青铜的冶铸技术作为生产力发展的标志达到高峰。青铜艺术成为当时的亚洲大陆上一颗光彩夺目的明珠。春秋晚期铁器的时代到来，并没有立即导致青铜工业的衰退。相反，由于战国时期生产技术普遍提高，使得青铜器的铸造技术亦有新的发展。大约到了战国晚期，高水平的青铜铸造业由于冶铁工艺的突飞猛进而完成了其历史使命，但在某些特殊领域的产品中，仍继续发挥它的作用。汉代的青铜铸造工艺仍呈现出美丽的余晖。秦汉以后青铜器逐渐减少。

由于青铜具有低熔点、高硬度和易铸造的优点，使其在应用上具有广泛的适应性。在人们逐渐对青铜性能有所认识后，便开始按照不同器类的需要选择各种不同的加锡比例，铸

《周礼·考工记》中"六齐"的配比 *

合金名称	含铜比例（%）	含锡比例（%）
钟鼎之齐	6/7 = 85.71	1/7 = 14.29
斧斤之齐	5/6 = 83.33	1/6 = 16.67
戈戟之齐	4/5 = 80	1/5 = 20
大刃之齐	3/4 = 75	1/4 = 25
削杀矢之齐	5/7 = 71.43	2/7 = 28.57
鉴燧之齐	2/3 = 56.67	1/3 = 33.33

* 关于"六齐"成分配比的研究目前论文有百余篇，本表采用上海博物馆古代青铜馆的数据

造出合金硬度不同的器物。春秋时期《周礼·考工记》就已经提出了世界上最早有关青铜合金配比的"六齐"之说："金有六齐，六分其金而锡居一，谓之钟鼎之齐；五分其金而锡居一，谓之斧斤之齐；四分其金而锡居一，谓之戈戟之齐；三分其金而锡居一，谓之大刃之齐；五分其金而锡居二，谓之削杀矢之齐；金锡半，谓之鉴燧之齐。"说明我国古代劳动人民在长期的青铜冶铸实践中已经认识到青铜的化学成分与其性能、用途之间的关系。

三、青铜器研究的内容

青铜器研究的对象就形态而言内容非常广泛，包括商周青铜工业大部分的产品，有兵器、礼器、乐器、水器及其他生活用具。器型的形态只是青铜器的外形，通过研究器物外形可进一步探索政治、经济、文化和科学技术等各方面的内容。青铜器研究内容之广，既有属于社会科学范畴的，也有属于自然科学范畴的，还有两者相结合的边缘学科。所以青铜器研究已成为一门多课题的综合性学科。目前青铜器研究大致集中在以下几个方面。

1. 青铜兵器

古代青铜兵器生产数量大，对当时统治阶层极其重要，是国家机器的必要装备。对青铜兵器的研究是研究古代战争史、兵器史不可分割的一部分。

2. 青铜礼器

中国古代"国之大事，在祀与戎"。青铜器普遍进入商周的社会生产和政治生活的各个领域之中。青铜器对当时贵族阶层来说是至关重要的，青铜器是贵族世家的标志，是庙堂中不可或缺的宝器。礼器使用的多寡，更是当时等级制度，上下尊卑的象征，在一定时期

内被认为是神圣的原则。礼器这个词所包括的内容相当广泛，如以钟鼎为代表的宗庙常器，诸凡体现礼的器物，都在此范围。礼器的研究是青铜器研究的主体。

3. 青铜器铭文

青铜器上多有铭文，而铭文的研究是青铜礼器研究的重要部分。青铜铭文因具有丰富的史料价值，也是当时语言的记载，保存着大量的文字学、音韵学、训诂学等方面的资料而显得特别重要。我国学术界素来就有重视历史典籍的优良传统，经过历代学者系统的研究，已形成了一门独立的青铜器铭辞学。

4. 青铜艺术

从造型艺术的角度来看，青铜器又是工艺美术品。青铜器艺术装饰承接了新石器时代的若干艺术传统而不断变化，形成独特的体系，成为中国艺术史的一个重要部分。通常有青铜纹饰门类和断代研究、纹饰的社会功能研究、艺术造型和纹饰的图案规律研究等。

5. 青铜乐器

青铜乐器的类型、组合、用途以及其声学的研究。

6. 华夏以外青铜器

中原地区以外的古代边远部落铸造的青铜器，有着浓郁的地方风格和独特的形式，体现了与华夏文化的交融，也是整个青铜器研究的一部分。

7. 青铜器铸造技术

青铜的冶炼技术是人类改造自然的最早一批成果之一。冶炼技术的发展一直为人们的生活、生产服务。各种铸造方法、青铜成分的配比、陶范和失蜡法浇注工艺等，都是青铜铸造技术的研究内容。

青铜器的分类和青铜纹饰

学习和了解青铜器的器型是学习青铜器修复的基础，以用途为标准可将青铜器器型分为食器、酒器、水器、乐器、兵器、杂器，详见附录Ⅰ（222页）；青铜器纹饰的学习也同样重要，笔者在总结前人的基础上加入自己的归纳理解，详见附录Ⅱ（257页）。

第二节
青铜器损坏的成因和类型

一、青铜器损坏的成因

青铜器的损坏一般可分为自然损坏和人为损坏。自然损坏指自然灾害、埋藏环境、病虫害、自然老化等自然因素造成的损害；人为损坏指在使用、展出、战争、保护、运输以及偷盗过程中造成的损坏。

自然损坏中，环境因素是主要原因。一般出土前的青铜器藏于墓中时处于一个相对封闭的状态，受周围介质和温湿度影响，青铜器表面接触到相应的气体、盐类、水分和微生物后，发生一系列电化学反应逐渐生成一层表面光滑的以红色氧化亚铜为主的氧化膜。这种氧化膜厚薄均匀，状态相对比较稳定，在一段时间内的正、逆反应速度逐渐趋于平衡，在墓葬内影响腐蚀的因素不再发生变化，会处于化学平衡的状态。氧化亚铜对青铜器本身没有危害，它像一层致密的薄膜覆盖在铜器表面上，隔绝了其他物质对铜器的腐蚀，起到保护青铜器的作用。随着时间的推移，墓室的棺椁逐渐腐朽以及盗墓情况的出现造成墓室内填土塌陷等，使原来封闭于棺椁中的青铜器在外力的作用下变形、破碎，甚至是成为一块块形状各异的残片，直接与墓葬中的填土沙石接触。环境发生变化的同时，之前存在的稳定的化学平衡被破坏，造成了青铜器腐蚀反应加剧。

二、青铜器损坏的类型

近年来，随着文物保护国家标准及行业标准制定工作的推进，对青铜文物的病害类型和评估也出台了统一规范。其中《GB/T 30686—2014 馆藏青铜质和铁质文物病害与图示》标准是关于青铜器病害的现行标准可做参考，标准中将损害分为：残缺、断裂、裂缝、变形和腐蚀。除这些列入规范的病害类别之外，各类表面沉积物（如灰尘等大气颗粒物、埋藏土壤等）、划痕刮擦以及前人的不当修复，也在实际工作中也被作为病害而考量。

残缺·物理和化学作用导致的基体缺失。

断裂·应力作用或人为损伤导致器物丧失连续性和完整性。

裂隙·表面或内部开裂形成的缝隙。

变形·外力作用导致形状发生的改变。

腐蚀·器物表面腐蚀产生的锈层。

- 层状堆积：因发生层状腐蚀而导致其腐蚀产物分层堆积的现象；

- 孔洞腐蚀：锈蚀形成的穿孔现象；

- 表面硬结物：常覆盖在铭文和花纹等表面上的硬质覆盖层；

- 矿化：保留原有表面，失去金属刚性的腐蚀现象；

- 点腐蚀：产生于文物表面向内部扩展的点坑，即空穴的局部腐蚀；

- 与厌氧菌、硫酸盐还原菌等微生物作用相关的腐蚀。

残缺　　　　　　　　断裂　　　　　　　　裂隙

变形　　　　腐蚀·层状堆积　　　腐蚀·点腐蚀

部分病害的示例图

腐蚀还可分横向和纵向，横向腐蚀表现为器物腐蚀表面分布的大小，纵向腐蚀表现为器物腐蚀的深度。

1·商代斝

3·商晚期青铜盘

2·西周早期青铜鼎

更多腐蚀综合表现

1·商代斝：此器腐蚀严重，横向腐蚀表现为铜锈布满整器，整体全部被锈层包裹。纵向腐蚀表现为锈蚀层状堆积，锈层厚度达几毫米以上。

2·西周早期青铜鼎：此鼎为一件典型的脱胎器。脱胎器就是金属属性退化后，铜胎表面已全部被氧化（矿化）的一种现象。表面疏松，有的甚至轻碰就会脱落。脱胎器是纵向腐蚀的一种表现。

3·商晚期青铜盘：图中间的浅绿色部分为"粉状锈""点腐蚀"后形成"孔洞"的典型的例子。此洞的形成是纵向腐蚀的终极表现，也就是锈蚀不断向纵深蔓延直至把基体全部腐蚀殆尽，形成孔洞。横向腐蚀表现就是孔洞不断扩大。

在另一项现行金属文物保护相关的行业标准《WW/T 0058—2014 可移动文物病害评估技术规程金属类文物》中，根据不同病害发展趋势及其对文物稳定性的影响，分为以下三类：

稳定病害·已经产生或存在且不再继续发展和蔓延，不会对文物稳定性产生影响的病害。属于这一类型的包括残缺、断裂、变形、层状堆积、孔洞、表面硬结物、微生物损害等。

活动病害·病害已经产生或存在且继续发展和蔓延，对文物稳定性产生影响的病害。属于这一类型的包括层状堆积、矿化、点腐蚀等。

可诱发病害 · 病害已经产生或存在且不再继续发展和蔓延，在外部条件（如保存环境改变）激发下可能导致文物病害发展，引发其他病害产生的病害。属于这一类型的包括裂隙、层状堆积、表面硬结物、矿化、点腐蚀、微生物损害等。

从上述归类可以看到，病害的发展趋势并非唯一和静态的。部分病害类型根据具体性质和保存环境的差异，既可处在稳定的状态，也可进一步发展和蔓延。实际处理中，常见的损坏现象如腐蚀、矿化、残缺、断裂、裂隙和变形等现象经常是伴随同时发生。

腐蚀、变形、残缺、断裂、裂隙、矿化

汉壶

腐蚀、变形、残缺、断裂

商鬲

腐蚀、残缺、断裂

商爵

陕西宝鸡石鼓山 3 号墓青铜器出土场景

第三节
青铜器修复的意义和历史

一、青铜器修复的意义

在悠悠千载的世界发展史中，中国作为一个历史悠久、文化和文明高度发达的国家，传承下来的古代遗迹和古代文物是这个文明国度璀璨的珍宝，而且这些历史深厚的文物不仅是历史的馈赠，更是方便考证历史发展的重要史学资料。古代的那些精工巧匠基本都服务于显贵士族和皇家，而当时工艺技术条件也有限，诞生时就是孤品，几乎没有代替品，这也就更能体现出文物修复的意义。中国古代青铜器所蕴含的历史、社会、政治、美学、艺术等众多的学术价值，体现了中国的古代文明。而青铜器修复的意义就在于，如何能把数千年前的文化遗物更好地保存下来，是对一个国家历史文化的传承，更是对于历史的尊重；如何祛除青铜器的病害，防止附着有害物继续危害青铜器从而延长青铜器的寿命；如何使观众能更直观、更全面地欣赏古代青铜器，更能便于学者研究青铜器。而通过什么手段来安全合理完成这些任务，就是青铜器修复要研究的问题。

西周早期脱胎青铜鼎修复前后

二、青铜文物修复和复制技艺的历史

文物修复传统技艺源于对文物保护方法的探索，并非始于近代。数千年前的文化遗物能保存下来的事实，说明保护文物的技艺是由来已久的。古代先民从制作使用青铜器物和相关艺术品时，就有因发生损坏而随之出现修理、复原的工艺。

1. 早期功能性修复

青铜器修复最初是因为在生产的过程中有缺陷导致器物无法使用，由此而实施的一种补救的方法。作为礼器的青铜器一般规格高、纹饰精美、铸造工艺复杂，但铸造时难免会出现缺陷，有的只是很小的问题，直接熔化掉重新铸造费时费力。当时的工匠就直接在缺陷处实施补救，称之为"补铸"。"补铸"是最早的青铜器的修复手段，一直沿用至今。

红色箭头处为青铜甗的补铸块　　　　　　青铜甗的 X 射线探伤照（补铸块清晰可辨）

西周青铜甗

红色箭头处为补铸块（补铸痕迹明显）

西周兔尊

红色箭头处为补铸痕迹及补铸块

春秋青铜壶盖里、外两面

2. 尚古仿古阶段

唐代·唐代是中国古代经济发展的繁荣时期，青铜开采、冶炼与铸造工艺得到了长足发展。金、银、铜、铁、铅、锡六种重金属矿也得到了全面的开发，开采量逐步增加。铜矿的开采由朝廷设置监、冶、坑、场等机构专门管理。冶炼的发展也带动了金属制品的生产和加工。此时也开始有仿品。唐代已有用木楔拨整歪闪古建筑梁架的记载，书画修复的揭裱技术到唐代已相当成熟，"漆粘石头，鳔粘木"更是流传已久的石质、木质文物的传统修复工艺。唐代仿器铜质粗糙，颜色发暗。

宋代·宋代是金石学在中国历史上发展的第一个高峰期，大批金石学者编著了众多金石类书籍，其中尤以金石类图谱颇具学术与艺术研究价值，如吕大临的《考古图》和王黼的《宣和博古图》。受北宋初年《三礼图》在全国颁行的影响及宋仁宗的直接推动，伴随古物的出土，金石图谱在仁宗之后开始兴起并迅速发展，由此影响到青铜器的生产与制造。宋徽宗大观初年，设置仪礼局"诏求天下古器，更制尊、爵、鼎、彝之属"，标志了宋代官方大规模仿造青铜器的开始。从而由上至下，全国各地盗掘古墓成风，商周三代青铜器的出土日益增多，新发现的青铜器并未悉数进入宫廷，大量流入民间，通过修复后进行交易，从而出现了古物市场。有些人出于研究、有些人出于赏玩的目的对青铜器进行收藏。当时最大的收藏家应该还是徽宗皇帝，收集量达2.5万件青铜古器，特建宣和殿收藏，这也是世界上最早最丰富的青铜博物馆。因为拥有大量的实物青铜器作为基础，宫廷开始大规模地修复与仿制青铜器。因仿制及作伪的制作出现了专门的机构，可分为"行作"和"官作"两种，以"官作"为大宗。宋徽宗的稽古作器，标志着仿古青铜器的诞生，不仅满足统治者的政治需要，也是经济文化繁荣的象征。宋赵希鹄的《洞天清禄集》，是我国第一部关于铜器辨伪的著作，其"伪古铜器"一节记载了宋代伪造古铜器的具体操作要领。宋周密《云烟过眼录》中也有提及宋代铜器的修复。据此可见，宋代已有修复古青铜器的工艺，其修复的目的是令破损的古器显得完整，提高其价值。唐宋仿器目前发现的多为熟坑器。

元代·元代曾经设置官方的铜器作坊"出蜡局"来仿造各种祭器，器型有鼎、簋、簠、爵、斝等。除了官办外，民间私营制造作坊也很多，且拥有精巧的仿铸古铜器技艺。元代仿制对象上至商周，下至宋代，造型丰富，仿制特点是多组仿制，但做工粗糙，铜质色发黄，早期延续宋代风格，求形似，后入了本朝风格，求神似。

明代·明代官方设立了"御用监"仿制古器。明末陈仁锡《潜确居类书》卷九五记载明宣德仿铸古鼎彝器的用料为风磨铜，就是铜锌合金（黄铜）。而民间作坊主要分布在南方地区。当时的仿制的特点是组装，也就是器物的各配件分铸后再整体焊接而成，蓝本以《宣和博古图》和《考古图》为主，做工相对粗糙。在商业利润和市场贸易的刺激下，青铜器仿制得到发展。宣德年间仿制了大量古铜器，除京城以外，山东、河南、陕西及苏州等地都有民间作坊。明末仿古作伪也达到鼎盛。邵锐的《宣炉汇释》中提及明万历年间仿制古铜器主要分为南北两派，金陵仁甘文堂以炉著名，与苏州蔡家并称"南铸"；北方的施家与学道并称"北铸"。明代青铜器的仿制特点是无铸痕和垫片，器型大小皆有，品种繁多，器型、铭文失真，器足多为实心。

清代·清代礼制的复兴推动了仿造古器的浪潮。祭祀用器都采用古代的礼仪制度来突出仪式的隆重。清初注重考据的乾嘉学派促使金石学发展到一个新的阶段。其研究范围从青铜器和金石碑刻扩展到各种门类的古物器，金石学逐渐向古器物学靠拢。乾隆年间梁诗正、王杰等先后奉敕编订《西清古鉴》《宁寿鉴古》《西清续鉴甲编》《西清续鉴乙编》，合称"西清四鉴"，收录清宫所藏铜器四千余件。同时出现了大批的仿古高手，逐渐形成了全国青铜器修复与复制的几大派系。清代青铜器仿制的特点是无垫片、无铸痕，多用分铸焊接法，有补铸痕和焊痕，铜质泛黄，分量过重。

3.近现代青铜器修复技艺

清末宫廷的造办处汇集了各行各业的手艺人，这些手艺人中又以8个巧匠技术最高，被称为"八大怪"。《百年琉璃厂》一书中所提到的"一怪"于老先生，因为嘴有些不正，外号叫"歪嘴于"。"歪嘴于"在造办处为清皇室修复古铜器几十年，走出宫门后开了个古铜器修复的作坊，取名"万龙合"，并开始收徒授业，以给宫中和琉璃厂的古玩商修复青铜器为生，至此成为近代青铜器修复之开山鼻祖。徒弟张泰恩继承了他的衣钵，后将"万龙合"作坊改为"万隆和古铜局"，主要为古玩商们修复青铜器。因颇得先师真传，技艺青出于蓝而胜于蓝，生意一直兴隆，人送外号"古铜张"。"古铜张"先后共收了11位徒弟，其中7位造诣颇深，各有所长，他们分别是贡茂林、张书林、刘俊声、张子英、赵同仁、王德山、张文普，其中又数王德山技艺最精、授徒最多。王德山 1911 年生于河北衡水小巨鹿，13 岁开始学徒，学成后自立门户，先后收了 8 位徒弟分别是刘增堃、毛冠成、杨政填、王喜瑞、贾玉波、王荣达、王长清、杨德清。此后这批学徒凭着各自一双巧手、一颗匠心，化腐朽为神奇，拯救了大量国宝青铜器，并成为后辈从业者们的导师和引路人。

由于帝国主义不断侵略，我国经济、政治各方面遭受巨大的打击，有重要价值的文物也被疯狂偷盗、掠夺、转卖，在资本金钱的诱惑下，仿制伪造之风盛行。当时北京地区古玩店主要集中在琉璃厂、东华门、东四牌楼等，业务以收购仿制青铜器为主。北京古董商还在河南安阳等地大批收购青铜器，挖掘出土的破碎青铜器运来北京找人修复，这就极大地推动了北京青铜器修复技艺的发展，技术也日趋精湛。上海从 20 世纪 20 年代起就成为远东第一大都市，大量的文物与相关人才汇聚于此，由此产生了大量的修复和仿制需求。得益于上海当时独一无二的地理优势，海派青铜文物修复技艺在上海地区开始孕育和发展。

4. 当代青铜器保护性修复

1949 年原旧都文物整理委员会更名为北京文物整理委员会，成为新中国第一个由中央政府主办并管理的文物保护专业机构，该委员会后发展成为今天的中国文化遗产研究院。1952 年历史博物馆和故宫博物院设立文物修整室，1958 年上海博物馆设立文物修复工场，开展出土文物与馆藏文物的保护修复工作。20 世纪 60 年代以来，中国历史博物馆、上海博物馆、南京博物院、甘肃省博物馆等国内各博物馆相继成立了文物保护实验室。现代科学技术与传统工艺逐渐结合，使我国文物保护事业持续焕发生机。

1980 年中国文物保护技术协会成立，由中国科学技术协会主管。目前中国文物保护技术协会在全国范围内拥有多个分支机构和专家委员会，致力于文物保护的学术研究、技术推广和人才培养，协会在文物保护领域发挥了重要作用，推动了文物保护事业的发展和创新。1984 年中国文物学会文物修复专业委员会成立，委员会汇集了国内修复领域的众多知名权威修复技术专家，致力于全国文物修复技术的研究工作，组织文博及社会各界的文物工作者开展学术交流、业务培训、展览展示、书刊编辑、国际合作和咨询服务等工作。这些组织和机构的成立，代表着我国文物保护事业进入了一个新的时代。

第四节
海派青铜器修复技艺的传承与发展

　　新中国成立后，百废待兴，同时期青铜技艺大力发展，而修复行业也呈现百花齐放、百家争鸣的繁荣景象。各地博物馆、考古研究机构逐渐重视文物修复，尤其是青铜器的修复。上海博物馆是国内首批组建文物修复团队的博物馆之一，招贤纳士，将流散在民间古董界的修复能人、巧匠汇聚到馆内，这些业内高手成为新中国成立以来第一代的修复师，其中包括王荣达先生。1975—1984 年，国家文物局委托上博举办三期全国青铜器修复培训班，手把手传授焊接、篆刻、补配、做旧等传统的修复技艺，培养了一大批正在从事或者有志于从事文物修复的专业人才，如今很多省市博物馆的青铜器修复业务骨干正是当年培训班学员的学生，同时也使海派修复技术传遍全国。上海博物馆青铜器修复与复制技艺团队为国内文博行业的人才培养做出了突出的贡献，同时上海博物馆与海内外博物馆、著名收藏家历来保持密切联系和深厚友情，以借展和捐赠为契机修复青铜藏品，也为海派青铜文物修复技艺赢得了良好的国际声誉。

　　海派青铜文物修复技艺是以上海为核心区域，以上海博物馆为主要传承和培养基地，上海博物馆的文物修复团队成立之初就以师傅带徒弟的形式传承和发扬传统青铜修复技艺，这里以代表人物为例，浅谈传承脉络。

一、开创阶段

　　海派青铜器修复和复制技艺创始人王荣达。王荣达先生 1921 年生人，1937 年在北平拜青铜器修复专家王德山为师，出师后 1943 年独闯上海，先后在禹贡古玩店、雪畊古玩店修复青铜器。1955 年进入上海博物馆从事文物修复工作，20 世纪七八十年代就培养出 20 多位高徒，后均成为所在省市文博单位的文物保护修复专家。王荣达先生不单是海派青铜器修复

王荣达先生

和复制技艺创始人，也是开创我国文物保护修复事业的新中国第一代修复专家之一。王荣达对青铜器纹饰和型制研究至深，修复造诣极高，同时借助当时上海领先全国的工业材料和技术资源，对修复技艺多有革新和完善，特别是化学作色方面非常有心得，研究出不同配方的化学药品处理出黑、灰、红、绿等不同皮壳的方法。1974年试制出在复制铜器上呈泛金地子的方法；1976年针对电化学去锈后，古铜器的皮壳表面呈黑色的缺点试制出能去其黑色，使皮壳还原本色的方法。王荣达先生另一个身份是杨式太极拳的嫡传弟子。老人家在世时为人低调，太极拳打得极好，曾说："修好文物就像打好太极拳，需要做到内外兼修，身与心、人与技艺相互影响，相互促进。"王荣达先生在他五十多年的修复生涯中，修复文物数以千计，并为上博培养了黄仁生、顾友楚、尤戟等上博第二代修复师。

二、发展阶段

海派青铜器修复和复制技艺发展阶段代表性人物黄仁生。黄仁生先生生于1933年，无锡惠山人，1953年上海标准模具厂至无锡惠山招纳雕刻人员时被选拔招入。当时无锡惠山的泥娃制作、泥塑、翻模很有特色，集中了很多人才，黄仁生就是其中之一。由于工作优秀，1958年因当时一批革命文物的复制需求，黄仁生又由上海标准模具厂调配至上海博物馆工作。高质量完成当时的任务后，同年开始跟随王荣达先生学习青铜器的修复技艺，从事文物修复与复制工作。工作期间将其在原单位标准模型厂中掌握的顶级制模技术与青铜器修复的精铸配缺技艺完美结合，使海派青铜器文物修复技艺得到进一步完善。1983年退休，1985年在马承源（原上海博物馆馆长，国际国内公认的青铜器研究方面的权威专家）的邀请下返聘于上海博物馆成

黄仁生先生

立的文物修复研究室，培养当时上海工艺美术学校一批毕业生为接班人，如钱青、张佩琛等。这批学员此后成长为海派青铜器修复的中坚力量。

1. 修复上博馆藏春秋兽面纹龙流盉

此器设覆碗状的盖，盖顶是蟠旋而出的龙头，盖上靠边和颈上各设一钮，有短链相连。流为张口的龙形，与之对应的鋬上端亦饰龙首。盉的颈部所饰的龙纹，具有吴越文化青铜器上常见的仿西周纹样的特点，肩饰斜角雷纹，盖面和腹上饰兽面纹，兽面纹的细部纹饰多处突起，体现了春秋青铜器特有的装饰手法。此文物修复前损坏非常严重。由于上海博物馆定位于艺术性与学术性并重，追求完美的同时又力求严谨，这也是青铜器修复和复制工作的突出特点之一，修复要有依据，所以此器物一直未修复。直到马承源馆长在日本看到的一件盉，其型制与我馆这件基本相似，得到纹饰拓片。以其为原型制作了缺损部分的石膏原型，并翻制模具后浇注同成分的合金，以铸铜补配方式恢复其原貌，体现了当时上海博物馆青铜器修复的水准。

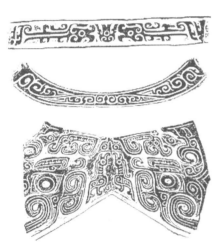

修复依据的纹饰拓片

春秋兽面纹龙流盉

2. 修复上博馆藏春秋早期龙耳尊

龙耳尊的体型较大，腹两侧饰龙形把手，龙首回顾，尾上卷，有四爪与腹相接，相接的部位有明显的结疤焊痕，这是先铸成器再覆铸龙耳的铸焊痕迹。肩饰斜角雷纹，主体满饰瓦棱纹，圈足施雷纹，这些纹饰构图不是中原地区常见的，显示了比较鲜明的

春秋早期龙耳尊

地域特点。20世纪50年代大炼钢铁，上海博物馆在冶炼厂设站点抢救文物，以防止相关文物被焚烧熔炼。这件春秋早期青铜尊就是当年被抢救出的文物之一。修复前有一条龙形耳的尾部已缺失，后经黄仁生修复后恢复原貌。

3. 复制故宫博物院西周中晚期刖人守门鬲鼎

因当时上海博物馆需要陈列这件文物，经故宫博物院同意后进行复制。此鼎造型巧妙，装饰和实用相结合，颇具匠心，既是一件实用器，也是一件艺术品。上部为方鼎形，饰窃曲纹、波纹两重纹饰，无耳。下部为屋形，门外铸守门奴隶，男性裸体站立，无左胫，左手持门闩。两侧铸方孔窗户，有四个小方孔，可以从左右背后几个方向排烟，背后是镂空曲窃纹，可以通风助燃。炉内可以烧木炭，使鼎内的食物保持温度，是一种温食之器。刖刑是锯足的残酷类肉刑，为古代五刑之一。这件铜器可以与文献印证奴隶制社会阶级压迫的现实生活，同时也反映了当时的艺术力求如实反映现实生活的这种倾向。黄仁生先生经过一个多月完成复制工作。

文物　　　　　　　　　　　　　　　　　复制品

西周中晚期刖人守门鬲鼎

4. 复制云南西汉诅盟场面贮贝器

云南西汉诅盟场面贮贝器于晋宁石寨山出土。贮贝器是用于储藏海贝的容器，一般出土于大型墓葬中，它们是古滇国王侯贵族的专用品，象征着财富、地位、权利。贮贝器是滇文化的独特代表，在滇国的地位与中原的鼎类似。贮贝器出现后逐渐取代了铜鼓成为滇国重器。上个世纪 80 年代，此件贮贝器在国家博物馆（原中国历史博物馆）展览，黄仁生与王荣达一同北上参与修复工作。前期修复工作已由王荣达在北京琉璃厂工作的同门师兄弟完成，但器盖上众多人物的粘接工作效果不理想，人物细节混沌模糊。于是在已做的基础上，对人物重新逐一翻制临时用模，取出一个一个人物小件后雕刻修整，使模糊的人物细部清晰起来。再以这些修整完成的人物作为原型翻制石膏模具，后用铅锡锑合金浇注于各个石膏模具中，再焊接于器盖上。每个人物和各小件都逐一做色做旧，与周围现状的色彩浑然一体，相互协调，完美恢复其原貌。此修复工作中上海博物馆的模具翻制技艺、做色做旧技艺惊艳了当时的文博界，也使上博青铜器修复技艺名声远扬。

国家博物馆藏云南西汉诅盟场面贮贝器

5. 现代青铜艺术品的设计与制作

这件炎黄鼎是炎黄两帝巨型雕像前 9 个鼎中的主鼎，高 6.6 米，直径 4.8 米，重 20 吨，雄伟庄严，典雅厚重，气势恢宏，由上海炎黄文化研究所筹资，著名青铜器专家马承源设计，青铜工艺修复专家黄仁生监铸，江西裕丰艺术品厂铸造。鼎的造型既继承了西周青铜文化的传统，又具有当今的时代精神，文化内涵十分深厚，是当代最具代表性的青铜大鼎。此鼎于 2001 年运抵郑州黄河游览区炎黄巨塑广场永久安放。

黄仁生先生与炎黄鼎

三、传承阶段

钱青

海派青铜器修复和复制技艺传承阶段代表性传承人钱青。钱青，1993年毕业于上海工艺美术学院雕塑雕刻专业，同年进入上海博物馆文物修复研究室，师从黄仁生，潜心学习青铜文物修复与复制技艺。后在上海大学和华东理工大学相关专业继续深造。自独立承担文物修复工作以来，凭借卓越的专业技能和不懈的努力，于2020年获得研究馆员资格，并在2021年被正式聘任为上海博物馆研究馆员。2020年，荣获第六批上海市非物质文化遗产青铜器修复技艺代表性传承人的殊荣。钱青不仅精通"高精密石膏模型模具制作"和"青铜超精密铸造配缺"技艺，在这些领域取得了显著的突破，还通过反复实验，调配翻模石膏与铸造用蜡等模具材料，把雕塑翻模用硅橡胶材料引入青铜器修复翻模技艺中，形成了一套独特的配缺方法和翻模工艺。

参与修复宝鸡石鼓山西周墓出土青铜器

参与修复四川三星堆遗址出土青铜器

这一创新使得修复操作趋于简便，修复材料与工艺之间的结合更加完美，使修复从造型、纹饰与材质上更加忠实器物原貌。从事青铜文物修复三十余年来，参与了众多国宝级器物的修复工作，这些器物不仅来自上海博物馆，也包括外省博物馆的珍贵收藏。此外，还参与了如山西晋侯墓群系列青铜器、宝鸡石鼓山西周贵族墓出土系列青铜器、上海青龙镇遗址出土文物、四川三星堆出土文物等考古文物保护项目，为保护和传承悠久的文化遗产积极贡献力量。

　　发扬海纳百川的精神，在继承"古铜张"传统修复技艺的基础上，不断吸收现代最新科学技术、修复材料、新的修复理念，并融会贯通，同时积极储备有兴趣、有能力的人才，是青铜器修复这一古老行业可持续发展的秘诀。钱青以民主党派成员身份针对文物修复人才的现状提出问题与解决方案，并撰写提案，最终这份提案被上海民主促进会上海市委采纳，成为市政协 0208 号"关于加快本市文物修复人才队伍建设的建议"委员提案，在上海两会上作报告引起社会关注。在传承方面，钱青坚持对弟子严格要求，主动培养接班人；在贯彻执行非物质文化遗产项目发展和推广工作方面，积极传播青铜技艺和知识，以提高公众对文物的保护意识；不仅与高校建立合作，还走进中、小学校园和社区，与上海市中福会少年宫等非营利机构合作，普及青铜器和青铜器修复保护的文化知识。

培训和讲座

带教文保人员　　　　　　　　　　　　带教弟子龚品豪专研青铜纹饰

第五节
海派青铜器修复技艺的特点

青铜文物修复技术源远流长，不同地域衍生出不同的技术流派。海派青铜文物修复技艺以上海为核心区域，经历代修复师不断改进完善，形成独具特色的技艺。

海派青铜文物修复技艺不仅是一门手工技艺，更融合了历史学、考古学、金石学、化学、金属工艺学、铸造学、材料学等多学科知识与技术，该流派技艺包括清洗、除锈、矫形、拼接、刻纹、翻模、铸造、配缺、打磨、做色、做旧等环节。这同时要求传承人技术全面，精通修复中的每个环节。在培养过程中强化传承人对青铜器所有工艺的全面掌握，兼顾学术性与艺术性，要求之高、学习用时之多为各流派中独有。同时在传承过程中以海纳百川的精神不断吸收与融入新的工艺、材料和技术。

海派青铜文物修复技艺其特点之一，以文物原真性为本，契合现代修复理念，摒弃了损害文物安全的操作，与当下普遍倡导的预防性保护、最小干预等理念高度契合。其中"高精密石膏模型模具制作"与"青铜超精密铸造配缺"技术，从造型、纹饰与材质上都最大限度还原器物原貌，兼顾保存、审美与科学性等多方面要求，是该流派技艺的最大特色之一。选用最佳的材料与工艺完美组合，达到最佳修复效果。通过反复实验，自行研配翻模石膏与熔模用蜡，使修复材料与工艺之间达到了完美组合，从造型、纹饰与材质上都忠实还原了器物原貌，达到完美的修复效果。

上海博物馆还率先应用超声波除锈、复合材料翻膜、激光焊接、3D打印和激光清洗技术等，不断推陈出新，为传统的技艺带来了更多的科技含量，使上海博物馆修复技能在各流派中脱颖而出，成为业内的亮点，开创了现代博物馆体制下的青铜修复与复制的新篇章。在国家高度重视和大力扶持下，上海博物馆的"青铜器修复及复制技艺（上海青铜器修复技艺）"已被列入国家级非物质文化遗产名录。未来，上海博物馆将继续肩负文化传承的使命，为文化遗产的保护与修复贡献更多智慧与力量。

第二章
青铜器修复的概述

第一节
修复的概念和原则

一、文物修复概念的定义

1. 国际概念

早在 1777 年，皮德罗·爱德华兹在负责管理威尼斯艺术品翻新的过程中，撰写了《修复规范》(*Capitolato*) 一书，以防止画师们对画作的过度修复。书中一些如今看来很普及的文保观念，在当时却是一个非常超前的想法。苏联博物馆学专家 M.B. 法尔马考夫斯基认为，"修复"一词，发源于拉丁文"restauro"，意思是"把某物复原"。1963 年，由意大利著名艺术史学家、评论家、文化遗产保护与修复理论家切萨雷·布兰迪在其所著《修复理论》中，对"修复"进行了定义："修复通常被理解为旨在使人类活动的产物恢复功能的任何干预"。此书内容涵盖绘画、雕塑、建筑等艺术门类，涉及修复的概念、艺术品的本质、时间性与空间性、伪造的判别、残缺的整合、古锈的保留等论题。书中提出了可识别性、可逆性、预防性修复等重要原则。这本书不仅在意大利，也对国际上的文化遗产保护政策产生了深远影响。本书被认为是当代文化遗产保护理论的奠基之作，对文物保护研究与实践人士具有重要的参考价值。其理论也成为《威尼斯宪章》和意大利《1972 修复宪章》等重要文件的参考。同样，对以前一系列法律规范的整理汇编，体现了意大利在文化遗产保护立法方面循序渐进及不断完善的过程。

2. 中国的定义

"修"最早见于甲骨文，其本义原指从容装饰，后引申至修理整治。现代汉语中对"修复"一词的解释是："修理使恢复完整"。"修复"最初仅仅被定义为修理、修补与修缮。在中国文化遗产院的《中国文物保护与修复技术》一书中，并没有直接给出"文物修复"的明确定义，但是可以从书中的内容和序言中提炼出文物修复的核心概念。文物修复是指对古建筑、遗址、壁画、金属、纸质、纺织品、石质等多种文物及其环境进行保护和修复的一系列技术和方法，这包括了对文物的维护、加固、修缮，保护材料的使用、文物材质的成分和结构分析、年代测定技术等多个方面。文物修复旨在延长文物的寿命，延缓文物老化，同时在保护和修复过程中，尽可能地保留文物的历史、艺术和科学信息，以及其原有的特性和价值。

3. 东西方修复目标的差异

东方审美更追求没有损坏的整体统一，称"全品相"，希望色彩的和谐，造型的美感与原物无限接近。因此在修复中比西方更多更注重"修旧如旧"的工作，刻意模仿目前肉眼看到的"原样"，总希望一件器物造型完整、颜色协调、天衣无缝。这是我们东方人对美的至高追求，也是衡量一件器物修复技艺精湛的最重要的标准，从而提升文物的艺术价值。而西方美学理念认为残缺的东西一样很美，如维纳斯雕像缺手就这样陈列，他们一点不觉得不完整会影响美感。西方倡导的现代文物保护修复理念来源于西方文物的保护实践，针对的多是西方较多的建筑、油画、雕塑等文物，他们认为只需要忠实保留原样就是对历史的尊重，只要原物不继续损坏不影响寿命就不用去修复。当然随着东西方文化不断交流，文物修复工作的修复理念、原则也在相互渗透、相互贯通、相互借鉴。

二、"保护"与"修复"的区别

自 19 世纪起，"保护"作为与"修复"区别的另一概念被提出。"保护"（conservation），其语义正如 save、protect、preserve、safeguard、prevent、keep 等常用的英文表述说明那样，意味着采取一切措施，消除对现有保存不利的内外因素，使之真正能保存下去。这种语义更多地体现在汉字"护"上。"保护"和"修复"的概念与界限是较为模糊的，传统修复与科技保护在方式与观念上存在一些分歧。20 世纪下半叶，现代文保界逐渐对文物的"保护"与"修复"进行了重新定义。意大利文保专家切萨雷·布兰迪在 1938 年 7 月的警司会议报告中指出："文物修复是一项严格意义上的科学活动，准确地说是一种文献学调查活动，旨在发掘并重新强调作品原有的文本，剔除各类改动与叠加，以便清晰且具有史实准确性地阅读这种文本。"根据这一原则，过去的修复主要由工匠或艺术家实施，且往往将个人解读强加在原有作品构想上的修复，如今的实施者也就是修复师（更确切地来说是保护工作者），则是在学术的专业指导下或由有学术背景的专业技术人员来从事修复工作。"修复"从属于"保护"，是"保护"的一部分，修复行为不是修复师个人随意性行为，修复师要根据历史学、哲学、美学、自然科学、材料学等特征来认识文物和选择修复方式，修复工作者首先要成为保护工作者。"保护"和"修复"都包含在广义的"大保护"概念里，但是狭义上它们是文物保护领域两个不同的阶段。在文物保护科学定义中，"保护"和"修复"的意义既紧密联系，又有着显著的区别，因此，"青铜器保护"可以定义为"青铜器的维护和保存以及使它们远离将来的损伤和退化"，"青铜器修复"可以定义为"对已经受损或衰退青铜器的修理或整修以及使这些器物恢复它们原先未受损外观的一种干预"。

三、文物修复的原则

在文物保护行业具有里程碑意义的《威尼斯宪章》（1964 年），其主要理念来自切萨雷·布兰迪所代表的意大利修复流派，其倡导的最小干预原则、可识别原则、可逆性（不影响今后再修复）原则、与环境相协调原则等至今仍是文物保护遵从的总原则。

在我国修复工作遵守《中华人民共和国文物保护法》及相关法规，按文物修复保护全国修复委员会的有关规定及行业技术标准，在严格的组织管理下，以科学的态度认真对待每一件修复保护的对象，遵循"修旧如旧""不改变文物原状"的原则进行。

文物分为不可移动文物和可移动文物，对于不可移动文物还应遵守就地保存的修复原则。文物修复工作者不主张将文物修复得焕然一新，而应保持原有文物的古朴"沧桑感"；不主张修复过的文物与原有文物材质有很大反差，应与整体保持和谐，希望"远看差不多，近看有区别"。对于青铜器修复属于可移动的室内修复，修复文物的首要任务是准确而翔实的还原历史，不能因缺位而损伤文物所具有的外观美，使文物所蕴含的意义无法完整体现；同时也不能越位，绝不能主观臆想、画蛇添足，修复要有依据。为避免在修复过程中出现问题，还需要把握以下三个方面：

· 公允性：修复者应当置身局外，本着客观的态度审视、修复文物。

· 可靠性：修复者应当着眼于残存的文物，努力收集原有文物的各种信息，无考证不可随意按自己的想象。由于青铜器具有严格的对称性和一体性，所以把握这一点就很重要，要有依据可循。对全部缺损的部位如造型或纹饰的走向，得根据同时期的同类器物中的器型、纹饰的特点分析其各种的可能性，然后比较排除，最终留下一种最合适的方案作为修复的依据。

· 整体性：部分的残片需要组成整体，但整体往往具有部分各自不同的性质。修复者要利用手中的残破件或残片等，重现器物的原貌，实现原有部分与待修复部分的协调，再现文物的生命与灵魂，是文物修复的最高要求。

东西方修复理念的相互融合

传统的青铜器修复在做旧步骤上理念是"修旧如旧"，特别是始于商业利润的修复，为了显示高超的技法，常常使做旧处与原文物周边浑然一体，不露痕迹。在展示高超技艺和手段的同时，这种技术也有悖"可识别性"的文物修复原则。虽然在视觉效果上满足了东方观众的审美需求，但对于研究人员来说，如果不是精通青铜器修复的专业人员，不通过一定的技术手段不能看出修复痕迹，这可能会误导研究人员的分析方向，从而做出错误的判断。西方对修复痕迹的表现方式与我们不同，他们的文物修复部位也做掩饰，但这种掩饰是一种近似于周边效果，能区分出来的掩饰。这种掩饰不经任何专业训练的观众在近距离内肉眼就可以辨识，更不会误导研究人员的判断。西方的这种修复理念表现的就是"真假可辨"。在这一点上，现代修复汲取了西方的修复理念，在表现手法上，根据需求，区别对待，于是明确了考古修复、展览修复和商业修复的不同修复类型。有的展陈采用了内外有别的方法，这种方法是外侧做到与周边浑然一体，但在观众看不到的内侧能够区分出修复痕迹。这也是中国传统修复理念与西方修复理念相融合的结果之一。

威尼斯圣马可大教堂和米兰大教堂的维修，既没有以新材料、新技术来反衬旧元素的历史感、沧桑感和厚重粗糙的质感，也没有在周边做一道较浅且持久的连续标记，从而表明干预的范围，而是使用了原材料、原形制（仅靠观察无法得知其施工工艺）的复原方法，经过风吹日晒、雨淋，无论从形式、质感还是色彩上都将无法区分。这种原材料、原形制，不做任何标识的修复方法实在出乎意料，这两个教堂的修复似乎和西方的修复理论都相悖了，但意大利目前比较多地使用这种修复方式。保护实践中经常会遇到不同的理论条目相互排斥的情况，这使笔者深思，在保护理念和实践方面，意大利作为文物保护起步较早、实践也相当成功的国家，提供了很多值得我们学习和借鉴的经验。

四、青铜器修复的类型

中国古代青铜器修复从最初的功能性价值修复，发展经历了历代宫廷收藏中的鉴赏价值的修复，到文物交易活动中为了利益价值的修复，再到如今博物馆保存的科学性保护修复，其修复的目的和方法也从最初的单纯恢复完美外貌，发展到采用更为安全合理的方法与材料消除青铜器的病害与隐患，延长青铜器的寿命，揭示和记录更多文物的信息与制作工艺特点，为文物研究工作提供更有利的支持。在实际操作中，根据青铜器最终的目的用途不同，修复的类型也有所差异。

1. 考古修复

按照出土时破坏的情况拼接并修补缺损的部位，所修补的部位必须与原物存有差别，粘接的部分和补缺的部分不做旧，保持文物出土时经历沧桑后的样子，力求还原历史的真实性。

2. 展览修复

展览修复旨在使文物在展陈中展现完整，视觉方面达到完美。通常情况下会采用各种修复材料对文物进行修复，要求把文物表面修复完好，达到文物放置在展柜当中目视辨别不出修复痕迹的效果，力求还原文物原始的样貌和美感。

3. 商业修复

商业修复一般根据持有者的修复要求，达到不同的修复程度。有的要求在直观上不可以看到修复痕迹、修补的位置，即便使用放大镜也很难发现。有的要求补缺部位修补时所用的材料尽量与文物在质地、疏密程度上相同，在 X 光照射下，修补地方的质地与原文物不能有显著的差别，只允许辨别出细小的裂纹。进一步要求修复所使用的材料不能褪色，不害怕紫外线照射，甚至包括器物的重量、纹饰、造型、锈色与原器物和谐、浑然一体，更苛刻于嗅觉味觉上的感官都要求与原物尽可能一致。商业修复的难度也是最大的，因为力求肉眼与仪器都不能分辨修复痕迹，也由此产生了作假与辨伪的较量。

4. 科学保护修复

科学的保护修复是根据材质本身在流传和保存过程中的变化，运用安全的科技方法与现代管理手段，对文物的病害进行预防、保养与修复，使它们远离将来可能的损伤和退化。

第二节
青铜器修复的主要工作

一、编写和制定修复档案的依据

　　二级以上文物的修复方案需经过国家文物局组织专家会审通过，同时执行国家金属类文物保护修复标准行业规定，2008 年中华人民共和国国家文物局颁布《中华人民共和国文物保护行业标准》，其中《馆藏金属文物保护修复方案编写规范》《馆藏青铜器病害与图示》，以及后来的《电子文件归档与管理规范》（GB/T 18894—2002）、《照片档案管理规范》（GB/T 11821—2002）等，都是文物保护界目前修复方案设计编写的依据，为修复与记录提供了规范的框架和内容提纲，这使得青铜器文物保护修复有章可循，从方案设计到操作更加规范，以保证国家文物在正确的方案指导下运用安全的操作方法和手段进行修复，保证修复质量，使精美的青铜文化遗产得到有效的保护。

二、修复档案的制定

1. 前期准备

　　要使已损坏的实物恢复原来的样貌，必须在尊重原始材料、原始状态和可靠的记录档案基础上进行。原始资料的收集，包括发掘出土后器物的照片，修复前器物断裂、变形、残损状态及已有残片数量的原始数据，运用现代科技手段对器物做前期检测分析，观察器物表面体貌信息，了解器物的基本组织结构和内部结构，分析金属基本成分、锈层物相、锈蚀结构、锈蚀成分、埋藏环境中可溶盐种类和含量等多种信息，为文物保护修复提供依据。完成以上的原始资料的收集、前期检测、绘图工作以后，就可以根据修复的用途和损坏的情况针对性地设计和制定修复方案了。

2. 建立和完善修复档案

根据修复方案实施修复工作，在最终完成修复工作后，再把各部分的工作一并纳入修复档案，完善修复档案，这是一个反复的过程。

随着科学技术的进步，记录保存形式从早期的文字简单描述记录、手工测量和绘图，到拍摄图片和视频影像，再到现在 3D 扫描数据和各种仪器设备的检测数据、资料报告，以及相关的学术研究观点、前期有过修复的历史记录等，这些资料的收集和共享为后期的研究和修复提供极大的便利。上海博物馆青铜器修复团队，依据规范性文件，持续更新对青铜器病害的认识和记录，将之融入了日常的修复方案和修复档案制订中，在 2017 年以此规范为基础，制作了相应的修复档案线上管理系统，将规范性的病害分类纳入系统，使档案更便于今后的检索和研究。

3. 保护修复操作技术流程

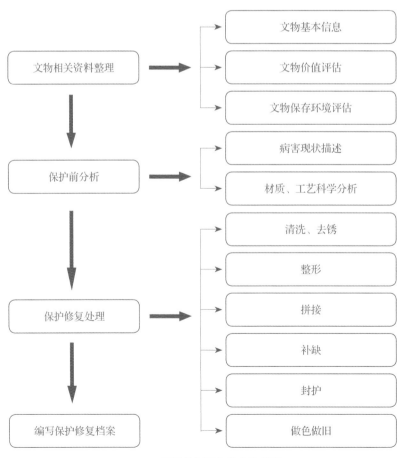

保护修复操作技术流程图

三、保护修复的具体工作

文物遭到天然或人为的损害，只要还没有达到不可收拾的地步，就要靠修复来抢救。即使非常残碎的，只有片、块也要仔细观察研究，尽量做到接近原文物的样式和风貌，把残缺的部分复原。针对每一件器物的不同情况，或采用传统或与现代科技结合的方法，运用物理、化学或两者结合的手段进行清洗、去锈、整形、补缺、摹刻、焊接（粘接）、做色做旧、封护等修复和保护工作，使经过修复的器物恢复原貌、材质进行加固，达到文物修复技术标准要求，不仅使文物能长期收藏保管，而且也能进行陈列展览和对外交流。修复操作概述如下，详细内容将在第三章扩充展开。

1. 清洗

多数青铜器出土时伴有大量的泥沙，有的甚至已结成板状，去除器物表面的泥土、污垢、灰尘、蜡或者油污等，是基本的清洁过程，有些锈蚀物也能在基本清洗中去除。

2. 去锈

去锈是青铜器修复中非常重要的环节。首先需要辨识锈蚀物的特性、成分等，判断是否需要去锈，因为并不是所有的锈都要去除。再由锈蚀物实际情况选择合适的去锈方法。根据锈蚀物的去除机理，又分为物理去锈法和化学去锈法。常用的传统的物理去锈可以借助各种刀具，现代科技可借助超声波和激光等去锈。化学去锈主要用各种无损器物基体的药剂，通过浸泡、擦拭、贴敷等方式去除表面的锈蚀物。

3. 整形

纠正因长时间埋藏或外力作用导致的器物变形。整形（矫形）是金属类器物有别于其他材质文物所特有的一种修复方法，主要是对仍有金属延展性的器物，通过外力使其恢复原来的形状。

4. 拼接

很多器物出土时呈现破损状态，青铜器拼接工作并不复杂，但要想把个别已经变形十分严重、支离破碎、残缺不全、锈蚀粘连，甚至几个不同类型残片混在一起的青铜器碎片拼接在一起就不太容易。要做好先拼对，再接合的工作。拼对时根据器壁的厚度、器物的造型、纹饰的走向、锈色的分布情况来仔细观察，不可张冠李戴，更不可马虎行事。当两片碎片拼对吻合后，要作标记，然后逐块标记。接合时，对出土的青铜器中基体本身还保存有金属质地的器物，采用焊接；对已失去金属质地的器物多采用化学粘接材料，进行加固和粘接。

5. 补缺

补缺是对青铜器上小面积残缺的空洞或大面积的缺损进行修补，修复其完整性的操作。早期修复是直接在已补配的铸铜件上雕刻青铜纹饰。为了提高工作效率和成功率，目前采用的方法有在石膏上先手工雕刻纹饰，其上再翻石膏外范，范内用高分子环氧树脂材料制得缺损件，再进行补配。随着 3D 扫描和打印技术的兴起，目前也尝试运用现代科技手段，但 3D 打印还是有其局限，对有特别精细青铜纹饰的还原性不够，有时还做不到完全原材质（青铜）的打印。对纹饰特别精细美丽的青铜器还是运用石膏和硅橡胶相结合的翻模法进行类似古法陶范浇铸青铜件的方法补配修复。

6. 封护

对修复好的青铜器物需做必要的部分或整体的封护处理。在不能很好控制温湿度的环境中，封护可以起到与外界的隔离作用，从而有效地降低和减缓青铜器的电化学反应，避免可能随之产生的再次腐蚀，有助于青铜器建立新的平衡体系，达到相对稳定状态，延长其寿命。传统修复中封护环节使用川蜡，目前用微晶蜡、骈苯三氮唑酒精溶液、丙烯酸类树脂 B72、三甲树脂等材料进行封护，从而更好地保护青铜器。

7. 做色做旧

青铜器修复环节中的做色做旧是指在青铜器修复完成前，对修复部位进行修饰美化的一道重要工序，其目的是使修复后的部位与原有部分在颜色和质感上协调一致，以达到"修旧如旧"的效果，方法有手工着色、化学浸渍、电化学或热处理等。

第三节
青铜器修复中的科技检测

一、科技检测方法的作用

前期和修复过程中的检测工作不仅是对原始信息的采集，让青铜器档案资料数据更完整，也是为青铜器的研究和修复提供依据，如修复或复制缺损部件时提供材质的成分参数，对观察不到的内部情况提前了解等。不同于传统的凭经验和眼学来分析病理，目前通过科技检测来分析病理，从源头开始，对文物进行检测和分析，就像西医在动手术前必须对患者做的病理检测分析一样，从而更好地、更有针对性地提供数据上的依据，便于根据每一件文物的自身特点，制定修复方案。

二、常见的科技检测方法

这些检测手段通过不同的分析原理和方法，分别对青铜器病害的形貌、结构和成分进行识别和检测，其中常用的检测手段简述如下：

· 体视显微镜：使用两条独立光路的双目显微镜，通过不同视角来提供立体的物体观察效果，可记录和检查具有复杂表面的样本，通常用于 200 倍以下倍率的观察或镜下操作。

· 视频显微镜：通过对实物图像的数字转换，生成可在显示器上观察的实时视频。目前的视频显微镜可具备摄影、微区测量、微区 3D 建模、图像拼接等多种功能，其放大倍数可至 7 000 倍，为病害的诊断和记录带来进一步的便利。

· X 光探伤：以 X 射线投射物体从而检测其内部缺陷，提供青铜器内部成分、密度、厚度等层面的差异化信息，在病害诊断的维度上，可鉴别文物的锈蚀程度、修复痕迹等信息。

· 工业 CT 检测：相比常规的 X 光探伤，这种检测手段能够提供青铜器各个部位和层理上的断层扫描图像，而避免重叠影响解读上的困难，采集更为精确和全面的信息。

· 超声波探伤：利用超声在界面边缘的反射特点来探察青铜器内部缺陷的位置、大小和分布，以及金属文物厚度等信息，对文物内部的裂纹尤其具有较高的灵敏度。

· X 射线衍射分析：利用 X 射线进入物质晶格的衍射空间分布和强度等特征，鉴别物质的晶体结构和化学成分，是鉴别青铜文物锈蚀产物所常用的分析手段。常用设备需要取样检测，但也有可满足无损检测的设备。

· 激光拉曼分析：基于物质受光照射时的非弹性散射现象及其反映的分子中官能基团的结构信息，来鉴别物质所包含的官能基团，推测物质的化学成分。可满足无损、快速、灵敏的检测，也可取样分析，且所需样品量一般少于 X 射线衍射分析，也无需对样品进行处理。多数青铜器表面的锈蚀物均有良好的拉曼信号，但混合物质表面污染、强荧光背景及目前标准谱较少等因素，有时可能存在谱图质量不佳和难以解读等问题。

· 显微红外分析：是一种将红外光谱和显微镜结合在一起的检测方法。红外光谱的原理是物质分子吸收红外光的能量后，分子的化学键产生振动，不同的分子结构反映为吸收光谱的不同的特征峰，从而鉴别物质所包含的官能团，推测物质的化学成分。在鉴定有机物方面较有优势，同时也可鉴别青铜器的锈蚀物。其分析需要取样和制样，样品量的需求小于 X 射线衍射分析。

· 能谱分析：作为扫描电镜的附件，对物质进行微区的元素分析。其分析结果受杂质干扰较小，对操作者对测试区域典型性的判断的要求较高，需结合扫描电镜的形貌分析来选取。由于扫描电镜的样品仓空间有限，通常需要取少量样品进行分析。能谱分析是半定量元素分析，同时由于青铜器表面通常存在环境沉积物等污染，因此一般不能直接鉴别锈蚀物的种类，而是作为 X 射线衍射、激光拉曼分析、显微红外分析等手段的辅助。

· 离子色谱分析：分析物质所含的阴离子和阳离子。需要对目标物质取样后以合适的溶剂进行溶解，然后以离子交换树脂对样品进行分离，对离子种类进行鉴别，推测青铜器锈蚀物的类别。取样后需要经过特定的制样过程后做分析。

· 常规化学鉴定：主要通过试剂滴定的方法，根据样品和试剂的化学反应和反应产物来推断样品的成分，是一种传统的方法，在缺乏仪器分析条件的情况下，是一种较为经济、简便和快速的检测方法。

　　实际工作中可根据不同的需求选择不同的检测手段和方法，也可根据青铜器损害类型的不同选择相应的检测分析方法。

检测方法的对比

检测种类	检测方法	检测范围	优点	缺点
外观形貌观察	显微镜	可用于观测器物的全貌	使用方便，价格低	放大倍数低
	3D超景深三维立体显微镜	可观测器物全貌和局部细节	景深大、自动变焦、操作距离长	价格贵
成分分析	X射线荧光光谱分析（XRF）	可检测元素周期表 Na 以上的元素	操作简单、方便携带、无损分析、快速出分析结果	高度依赖标准样品，对轻元素灵敏度较低，易受元素相互干扰和叠加峰影响
	扫描电子显微镜－能谱仪分析（SEM-EDS）	对材料微观形貌观察的同时进行元素定性分析	能直观显示样品的结构形态、景深大，图像放大范围广；可切层，对同一层面中各元素做分析；分辨率较高（可达十几~几十万倍）	适用平面类小样，大器物检测需制样
	X射线光电子能谱（XPS）	可分析除氢、氦以外的所有元素，也可根据能谱图中谱线强度计算原子的含量	利用XPS作为分析方法可实现对样品深度分析的信息	
探伤分析	X射线探伤	适用于各类文物	无损、可检测文物内部暗伤和结构	有模糊叠加现象，三维检测有局限
	CT计算机断层成像技术	适用于各类文物	弥补X射线实时成像图像模糊的缺点，对文物内部结构等情况可直观识别	价格贵、成本高
	超声波探伤	适用厚度大的金属或复合材料	穿透力强，灵敏度高，能检测确定内部缺陷的位置和尺寸	对缺陷的显示不直观，不能对缺陷处作十分准确的定性、定量表征；对粗糙、形状不规则、小、薄或非均质材料难以检查；不适合有空腔的结构
物相检测	X射线衍射分析（XRD）	可对腐蚀物进行定性和定量分析	对青铜器腐蚀产物的成因及化学机理研究发挥关键作用	局限于无机物质监测分析，不能很好地获取有机物成分组成信息；操作平台有限，样品需粉碎与研磨处理。定量分析的精度不高，需要与X射线荧光光谱、扫描电子显微镜结合使用
	拉曼光谱分析	固体、气体、液体，黑色、深色样品均可测量，无机有机或含水样品均可测量。甚至样品可在玻璃容器中测量	取样少，测试区域可达微米级，空间分辨率与分析精度高，分析速度快，灵敏度高	对检测环境要求高

根据损害类型选择检测方法

病害名称	适用检测方法
残缺、断裂、裂隙、变形、层状堆积、孔洞	直接观察、体视显微镜、视频显微镜、X 射线探伤、工业 CT 检测、超声波探伤、3D 扫描等
表面硬结物、矿化、点腐蚀、微生物损害	直接观察、X 射线探伤、工业 CT 检查、超声波探伤、X 射线衍射分析、拉曼光谱分析、显微红外分析、能谱分析、离子色谱、常规化学鉴定等
含氯腐蚀产物、可溶盐腐蚀产物	X 射线衍射分析、拉曼光谱分析、显微红外分析、能谱分析、离子色谱、常规化学鉴定等

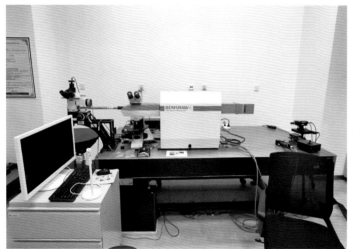

拉曼光谱检测

X 射线荧光光谱分析检测

CT 检测

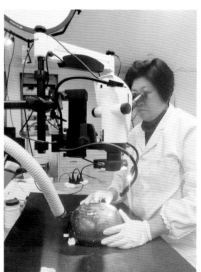

体视显微镜检测

第四节
青铜器修复中的美术基础

美术基础在文物修复中起的作用相当重要，几乎涵盖每个修复环节，如青铜器整体的塑形、整形、拼接、补缺、纹饰雕刻、做色做旧等都离不开美术基础，它将影响最终修复的视觉效果。文物修复需要的美术基础主要可概括为素描、色彩、造型三部分。

一、素描与修复的关系和作用

素描是绘画的基础、绘画的骨骼。素描广义上指一切单色绘画，起源于西方美术关于造型能力的培养。狭义上专指用于学习美术技巧、探索造型规律、培养专业习惯的绘画训练。青铜器的整体构图、青铜纹饰的绘画都离不开素描基础的训练。

以青铜器修复的补缺环节和复制最基础的翻模为例，第一步捏泥模中素描基础就尤为重要。捏泥模需要对比所需复制的原始文物的大小，根据长、宽、高按同比例进行塑形，另考虑到蜡的收缩率对模具尺寸会有所放大，当然这是后话。借助照片和所知尺寸进行捏制，这种对尺寸比率的把控能力，关系到最后与原来实物大小的一致性。否则翻制出来的石膏模型差之千里，就失去了复制和修复文物的意义和初衷。和捏制泥模最为相似的是素描练习，在进行素描作画时，就是画一笔看一眼石膏像，需对石膏像用笔作为参照依据，按比例反复核对。要像素描一样，做到心里有一个中心，有一个尺寸，最后复制出来的东西才能一样。有美术学习基础后，制作泥模时会有这样的思维模式，心中自然会有一个尺寸，知道比例，会反复核实比对器物细节的相互关系，从而做出相应调整。按照这种思维捏出来的泥模和实物自然更相似。

二、色彩与修复的关系和作用

色彩可以分成两大类，无彩色系和有彩色系。有彩色系的颜色有三个基本特性：色相、纯度（也称彩度或饱和度）、明度，在色彩学上也称为三大要素或色彩的三大属性。饱和度为 0 的颜色为无彩色系。做色做旧处理是青铜器修复的重要环节之一，直接影响到修复后的展陈效果，可见颜色在修复中也极为重要，要求修复师对色彩有高度敏感的辨识和感知能力。

以调色为例，调色时一般从纯度高的颜色调起，调较暗的颜色时只要降低明度或纯度就可以了，原来调的颜色还能用上，不用频繁洗笔或换笔。如果想让颜色变灰，最简单的方法就是在本身颜色中加对比色。但一定要谨慎多次少量加，控制好这个度，宁可不及，不要过头而使色彩变灰而返工，因为颜色加一层纯度就会降一度。在修复中做色时要注意几点：一是任何颜色都有材料上的局限性，不可能调出百分之百和原器表面一模一样的颜色；二是颜色在湿的状态与干透之后的显色是不一样的，有个别几种颜色对色温的要求也很苛刻，在太阳光（日光）与日光灯下的显色不同，甚至黄光源与白光源及瓦数不同所显色也不同，所以全色之前要对所用颜料足够熟悉和了解，并做过实验之后再进行；三也是最为重要的，就是各色间的色彩关系一定要准确。

三、造型与修复的关系和作用

青铜器可分为"大"与"小"的两种造型。青铜器整体的器型为"大"形，纹饰为"小"形。青铜器无论简洁还是复杂，体积大小，从其造型整体而言都是端庄且严谨的，有建筑的美感。建筑的构造是规范化的各个部件的组合和重复，有极强的整体感，青铜器在这一点上与建筑有许多相似之处。反过来，现代建筑的特殊造型及简约的审美也与青铜器有某些相似之处。

对于中国古代雕刻来说，以线造型，线的流动不仅是身体上的衣裙，更重要的是外轮廓线的处理。同时，"以线造型"的"线"，既是形，又是体，更是精神的传递，是多方面的合一。同样在青铜器的纹饰上也表现得淋漓尽致，如"饕餮纹""目纹""火纹"等都是"以线代体"的表现手法，充分表达了雕刻的力度和精神的内涵，是青铜纹饰对后世雕刻艺术延续的影响。人们有一个误解，认为凡是线的语言都是平面的，但是忘记了在立体雕刻物上出现的线，已经是立体的了。在造型语言构造上，线的语言可以弥补立体造型的某种不确定的弱点，使形象变得更为具体、明确、生动，个性特征更加鲜明而微妙。在立体造型上的线，必然也在立体中呈现，这是平面造型中的线的作用所达不到的。对青铜器"大"形与"小"形的艺术把握和再现，是一个复杂而综合的美术感知结果。

第五节
青铜器修复的客观物理条件

一、修复场地

对于待修复的各类文物来讲，文物保护修复室是它们离开存在几百年甚至几千年相对稳定的环境之后，进入的一个新的空间。再之后，也是它们将来长期需要面对的新的环境。要使这些文物重见天日并且能够长期保存，结合本单位实际情况对工作室场地及环境提出的基本要求：

· 房间要宽敞明亮，保证有自然光照射，工作台大且便于操作。

· 安全和消防工作到位。

· 电源、上下水设施齐全。

· 排风、防电、防毒措施有保障。

· 尽量保持室内温度、湿度的稳定。另有明确工作制度和岗位职责，保证工作的顺利进行。

上海博物馆文物保护中心器物修复室和工作台

二、修复工具

青铜器修复中常用到的修复工具有：

· 锤类：铁、木、橡胶、鸭嘴形、圆头等，有各自的专门用途。有的用于打薄铜片，有的用于整形，有的又能给予錾刻，有的用于翻模，不伤器物。

· 垫子：用于捶打铜板等金属材料时所使用的垫子。

· 刀类：手术刀、雕塑刀、调刀、剪刀，必备的铁皮剪刀、布剪刀等。

· 錾类：各类凿头的錾刀。

· 锉类：各型锉刀。

· 锯类：手工类（钢锯、木锯）、电动类（曲线锯、往复锯）等。

· 钳类：尖头钳、平头钳。

· 刷类：毛笔、板刷、钢丝刷、棕刷、牙刷等。

· 度量、检测工具：电子天平、秤、温度计、定时器、pH 检测仪等。

· 打磨工具：电动砂轮机、电磨机、角磨机、抛光机、台钻、手枪钻、砂纸和砂皮等。

· 观察工具：显微镜、紫外线手电筒等。

· 各类电器工具：牙医用超声波洁牙机、热风机、电吹风、电动雕刻笔、数控烘干机、真空泵、气泵、喷枪、小型喷笔、氩弧焊机、雕刻机、超声波切割刀、激光去锈机等。

· 其他：修复用手套、转盘、描笔、干燥箱、试管、烧杯、化学药水容器、器物浸泡箱、水浴锅等。

· 各类矫形工具和设备。

锤、锯、锉、钳、刷类工具

钳子、镊子、夹具、各类刀具（手术刀、调刀、雕塑刀）

研磨器

超声波清洗机   角磨机、热风枪、电钻

超声波切割机   切割器   切割机

打胶机   固定敲打加工和焊接时使用的工具

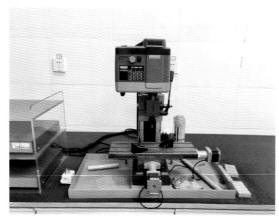

台钻

微型车床

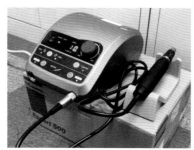

打磨机

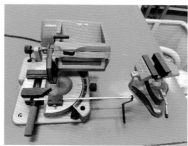

配合角切割的固定夹具

吸尘器

三、修复材料

1.焊接、补配、加固材料

· 焊锡：锡和铅的合金。其中锡含量占 60% ~ 63%，铅含量占 37% ~ 40%。

· 焊接剂：上博团队自制研发的含银助焊剂。

· 翻模材料：通常使用石膏粉，还有橡皮泥、打样膏（医用牙科）、雕塑泥、硅橡胶等，主要用于补配小型缺损配件、附件或做小件临时快速压模取样之用。

· 环氧树脂：一般是指分子中含有两个或两个以上环氧基因的有机高分子化合物，由于环氧树脂的分子结构中含有活泼的环氧基因，使它们可以与多种类型的固化剂发生化学反应，从而形成不再溶的、具有三维网状结构的高聚物。

· 稀释剂：主要用于稀释一般粘接树脂材料的有机溶液，可降低树脂材料的黏度，增加流动性。在稀释到一定程度时，也可作为浸涂、喷涂的树脂材料使用。常用稀释剂有丙酮、乙醇、二甲苯。

· 填充材料：石英粉、纤维、铝粉、铜粉、滑石粉等。

· 丙烯酸类树脂B72：是一种丙烯酸酯和甲基酸酯的共聚物，为无色透明的颗粒状，能溶解于丙酮、甲苯、二甲苯、四氯化碳等有机溶剂；是一种优秀的热塑性树脂，它不会变色，具有良好的弹性，对热、光、氧化分解具有良好的稳定性及优异的成膜性；是现今国内外文物保护领域使用最为广泛的一种聚合物材料，可作为文物修复的加固剂、黏结剂、封护剂。

· 加固材料：三甲树脂。

2.去锈去污材料

· 酒石酸钾：为白色晶体，有微酸味，能溶于水和乙酸。在文物保护修复中酒石酸钾与氢氧化钠、蒸馏水按一定的比例配成溶液，可作为一种偏碱性青铜器去锈剂，应用于软化和去除青铜器表面硬结锈蚀物。

· 乙醇（俗称酒精）：是文物保护修复中最为常用的一种有机溶剂，无色透明，易挥发，高度易燃，具有刺激性；溶于水、甲醇、乙醚、氯仿等；有吸湿性，能与水形成共沸混合物。普通酒精含乙醇95.57%（重量计），能溶解许多有机化合物和若干无机化合物。

· 丙酮：是文物保护修复中常用的一种有机溶剂，无色透明，易挥发，高度易燃，有气味，具有刺激性，能与水、甲醇、乙醚、氯仿等混溶。

· 硝酸银：无色透明斜方片状晶体。硝酸银溶于水，微溶于酒精，呈弱酸性，pH 5～6，见光易分解。配制硝酸银溶液，用于检测青铜器粉状锈内的氯离子。

· 其他各类试剂：柠檬酸、草酸、无水碳酸钠、碳酸氢钠、六偏磷酸钠、乙二胺四乙酸二钠盐、过氧化氢、非离子型表面活性剂等。

3.塑形、翻模、雕刻纹饰用材料

· 常用雕塑泥和硬质雕塑泥：常用雕塑泥经过筛选和锻打后，泥质细腻，可用作器物大型的制作及青铜器纹饰中突出器表的大的造型的塑造。硬质的雕塑泥特性是在遇热变软，遇凉发硬，工作时需加热至40～45℃，雕塑不同形状造型及雕刻不同的纹饰。

- 石蜡：为白色无味固体，熔点低、易燃。在青铜器修复过程中，在蜡型上进行纹饰修整，有时蜡也作为一种封护材料使用。

- 硬脂酸：白色有滑腻感的颗粒或结晶性颗粒，加入石蜡中用以增加蜡质的硬度，提高石蜡的软化温度。

- 硅橡胶：有多类型号，固化后颜色有蓝色、白色、无色或类白色等多种颜色，具有耐高温、抗严寒和良好的电绝缘性、防霉性，其化学稳定性良好，用于制作硅橡胶模具。

- 玻璃钢：一种纤维增强塑料，通常由玻璃纤维增强不饱和聚酯、环氧树脂或酚醛树脂组成。

- 原子灰：俗称汽车腻子，又称不饱和聚酯树脂腻子，与固化剂按一定比例调配而成的一种方便快捷的双组分新型嵌填补材料，此材料具有易刮涂、常温快干、易打磨、附着力强、不龟裂、不塌陷、耐高温、配套性好等优点。

4.做色做旧（锈）材料

做色做旧（锈）材料一般分两类：一类用于化学做色，另一类用于物理做色，即使用各种各样的颜料手工上色。

化学做色材料

- 酸类：硫酸、盐酸、硝酸等。

- 硫酸铜：天蓝色或略带黄色状晶体，水溶液呈酸性，又称胆矾、蓝矾。青铜器复制中化学做锈的主要材料之一，以硫酸铜打底，喷洒不同量的硝酸铁可出现不同效果的绿色。用于高温着色时，与铜反应生成硫化铜，可做绿色或蓝色锈斑。

- 硝酸铁：用于高温着色，与铜反应生成氧化铁与氧化铜，实现对铜器的着色，颜色可从浅棕变为深红。

- 硝酸银：用于高温着色，生成银灰色效果。

- 氨水：氨水是气体氨的水溶液，无色液体，易挥发，有强烈刺激气味。青铜器复制时，可先将铜胎浸泡于浓度约为50%并配入少量的碱式碳酸铜的氨液中，然后经过熏蒸处理，器物呈蓝绿斑的灰黑地子。

- 氢氧化铜：浅蓝色粉末，不溶于水、溶于稀酸、氨水等溶液。用于复制青铜器的化学做锈处理，可采用稀盐酸将其调成糊状，涂刷铜胎表面，即反应为铜绿锈层。有中等毒性，对皮肤、眼睛、上呼吸道有刺激性。

- 硫化钾：红色结晶体，易潮解，溶于水、乙醇、甘油；经该溶液浸泡，仿古铜器表面会逐渐呈现褐黑的古铜色；可用于高温着色，作为底色，其原理是硫化钾溶于水呈强碱性，硫离子与铜反应生成硫化铜实现上色。
- 硫黄：既不是酸性也不是碱性，而是呈现中性。加热可与硫酸混合滴淋在做色表面，模仿铜绿锈。
- 有机溶剂：乙醇、丙酮等。

必须注意的是，以上部分化学溶液腐蚀性强，会释放出刺激性气味，操作时需穿戴口罩、手套等防护用品，并在通风橱中进行。

物理做色材料（各种颜料）

按照颜料材质来源，大致可分为矿物质颜料（俗称石色，颜色有石绿、石青、朱砂、赭石等）和化学颜料（如丙烯颜料、水粉颜料、油画颜料等）。

- 矿物质颜料：矿物颜料优点在于色彩自然，在日光、灯光作用下基本不褪色，色差变化不大。但缺点也很明显，由于原材料少，价格偏高，并不能得到广泛应用。目前只有个别单位在对非常珍贵稀少的青铜器补配锈色面积小的修复工作中使用矿物颜料。
- 化学颜料：与矿物颜料相比，化学颜料成本低廉、易于购买、使用方便，成为青铜器文物做锈环节中颜料的首选，但缺点是长期在灯光或日光作用下会有变色现象。

常用的矿物质颜料

颜　色	种　类
蓝色系	蓝铜矿、青金石、绿松石、方钠石和蓝铁矿等
绿色系	孔雀石、硅孔雀石、绿色泥灰岩、硅镁镍矿、橄榄绿铜矿、绿帘石、硫锰矿、天河石和胆矾等
红色系	辰砂、红珊瑚、玛瑙、石榴子石、赤铁矿、黝帘石、透长石、片沸石、铬铅矿、朱红色泥灰岩和红土等
黄色系	雄黄、鸡冠石、黄锑矿、纤铁矿、独居石、水锰矿、褐铁矿、闪石、黄土等
紫色系	钴华、磷钇矿、紫苏灰石、钙铁辉石等
黑色系	黑电气石、黑曜石、斑铜矿、黑钨矿、钛铁矿、锰矿、石墨等
白色系	硅灰石、石英、方解石等

常用的化学颜料

种 类	性 能
钛白粉	氧化钛，为惰性颜料，不受气候条件影响，有很强的覆盖力，是青铜器做色做旧常用的基础颜料，可与其他颜料调配使用。它可溶于水、酒精、乙酸乙酯等液体溶液，对酸性、碱性均无反应。纯钛白颜色干得快，干后容易变黄
锌白粉	学名锌氧粉，化学成分是氧化锌。钛白粉颜色持久稳定，但干得较慢，干后色层坚固，易脆易裂
锌钛白	钛白粉和锌白粉的混合物，既减轻了锌白的易脆性，又改善了钛白单独使用易变黄的缺点
立德粉	又称锌钡白，是硫化锌和硫酸钡的混合白色颜料，遮盖力比锌白强，次于钛白，不透明，溶于水或油，但不溶于碱性物质
氧化铁黄	俗称铁黄，是一种黄色氧化铁颜料，铁黄的颜色鲜明而纯洁，有良好的耐光、耐碱性，遮盖力强
铬黄	化学成分是硫化镉，其耐光性很好，能经久不变色，非常稳定，干得较慢
群青	蓝色粉末，色彩清新亮丽，耐光性强，耐高温，不耐酸，着色力和遮盖力一般
红丹	又称铅丹，橙红色粉末，不溶于水，抗腐蚀性强，耐高温，但不耐酸
铬绿	又称氧化铬绿，橄榄绿色粉末，有金属光泽，耐光及耐高温，有很强的遮盖能力

▪ 其他

此外在做色做旧的过程中还需使用能够调和、黏附、加固这些色彩的，具有黏接作用的液体材料，如虫胶液、树脂漆、硝基漆、清喷漆、清漆、清漆片汁等，漆类稀释的溶剂有乙酸乙酯。

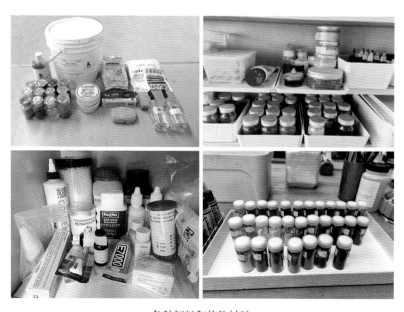

各种颜料和其他材料

第三章
青铜器修复的方法和案例

第一节
青铜器的清洗

清洗青铜器最常见的方法为去离子水清洗法，即用去离子水反复多次漂洗被腐蚀的青铜器。传统工业清洗有各种各样的清洗方式，多是利用化学药剂进行清洗。随着人们环保和安全意识日益增强，我国环境保护法规要求也越来越严格，2020年以后，工业清洗中可以使用的化学药品种类变得越来越少。寻找更清洁且不具损伤性的清洗方式是必须考虑的问题。

1. 普通溶液清洗

水·使用纯净水、蒸馏水、去离子水（本书中所指清水都是去离子水），普通自来水中含有各种杂质，如碳酸氢钙、氯化物等，不适合用于青铜器的清洗。

洗涤剂·洗涤剂的分子含有极性的亲水部分和非极性亲水部分，可以与水和油腻污垢相溶，乳化油污，使得污垢悬浮于水中。

有机溶剂·当污垢无法用水和洗涤剂去除时，可用乙醇、丙酮、乙酸乙酯等常用溶剂尝试清除。

氧化剂·如水、洗涤剂、有机溶剂都无效，可尝试氧化剂（如过氧化氢），使污垢的色素氧化为无色，同时过氧化氢在发生氧化分解的同时，产生的氧气压力对污垢的解离也有促进作用，也能很好的去污。

氨水·氨水去污也是一种方式，可见147页。

2. 蒸汽清洗

蒸汽清洗也叫过饱和蒸汽清洗，是通过高温高压作用下的饱和蒸汽，对被清洗表面的油渍物颗粒进行溶解，并将其汽化蒸发，使被饱和蒸汽清洗过的表面达到超净态。同时，此法可以有效切入任何细小的孔洞和裂缝，剥离并去除其中的污渍和残留物。

· 优点：无需任何化学介质，不产生废水，操作方便、安全可靠，是一种无污染绿色环保的清洗方法。对于青铜器表面的化学残留物、有机类污染物、蜡、石膏等有快速有效的去除效果。

蒸汽清洗仪

蒸汽清洗青铜鼎

3. 干冰清洗

干冰清洗又称冷喷，是以压缩空气作为动力和载体，以干冰颗粒为被加速的粒子，通过专用的喷射清洗机喷射到被清洗物体表面，利用高速运动的固体干冰颗粒的动量变化、升华等能量转换，使被清洗物体表面的污垢、油污、残留杂质等迅速冷冻、凝结、脆化、被剥离，且同时随气流清除。不会对被清洗物体表面，特别是金属表面造成任何伤害，也不会影响金属表面的光洁度。清洗过程包括低温冷冻剥离、吹扫剥离、冲击剥离。

· 优点：使被清洗的污染物有效地分解；非研磨清洗，保持绝缘体的完整；更适合预防性的维护保养。无水渍，不会引起水污染；节省了时间又降低了成本，除垢率达到100%。

4. 激光清洗

激光清洗也是一种绿色清洗方法，在清洗行业中独具优势。脉冲式的激光清洗过程依赖于激光器所产生的光脉冲特性，基于由高强度的光束、短脉冲激光及污染层之间的相互作用所发生的光物理反应。其物理原理概括如下：激光器发射的光束被处理表面上的污染层所吸收，大能量的吸收形成急剧膨胀的等离子体（高度电离的不稳定气体），并产生冲击波，冲击波使污染物变成碎片并被剔除。光脉冲宽度必须足够短，以避免被处理表面遭到热积累的破坏。

激光清洗过程中，为保证基体材料安全的前提下进行有效的清洁，必须根据情况调整激光参数，使光脉冲的能量密度严格处于能够破坏污染层而不破坏基体材料的特定阈值之间。每个激光脉冲去除一定厚度的污染层，如果污染层比较厚，则需要多个脉冲进行清洗，表面清洗干净所需的脉冲数量取决于表面污染程度。

激光清洗方法主要有 4 种：①激光干洗法，即采用脉冲激光直接辐射去污；②激光＋液膜方法，即首先沉积一层液膜于基体表面，然后用激光辐射去污；③激光＋惰性气体的方法，即在激光辐射的同时，用惰性气体吹向基体表面，当污物从表面剥离后会立即被气体吹离表面，以避免表面再次污染和氧化；④运用激光使污垢松散后，再用非腐蚀性化学方法清洗。最常用的是前 3 种方法，第 4 种方法仅见于石质文物的清洗中。

· 优点：不使用任何化学药剂，无环境污染问题；具有无研磨、非接触、无热效应和适用于各种材质的器物清洗等特点；可以通过光纤传输与机械手或机器人相配合，方便实现远距离操作，以确保人员的安全；可以在不损伤材料表面的情况下有选择性地清除各种材料表面的各种类型的污染物，且对精细部位的清洗达到常规清洗无法达到的清洁度。

国际上，激光清洗技术对石质材料的应用已有十几年的历史，在我国则起步较晚。由于激光设备的投资还较为昂贵，普及化应用还有一定难度。但随着技术的不断完善和设备的批量化生产，激光清洗技术必将在各种材料的清洗业中发挥重要的作用。

对青铜爵进行激光清洗

红点为激光点位

第二节
青铜器的去锈及案例

一、识　锈

1. 了解锈的成因

青铜器一般埋藏于墓中时处于一个相对封闭的状态，表面接触到相应的气体、盐类、水分和微生物后，发生一系列电化学反应逐渐生成一层表面光滑的以红色氧化亚铜为主的氧化膜。这种氧化膜厚薄均匀，状态相对比较稳定，但也受各种物质的侵蚀及土壤压力和温湿度等因素的影响。当湿度大、温度高时，铜器表面的化学反应程度相对剧烈，生成的铜锈也相对多些，这一时期是铜锈的生长期；相反，当干燥、温度低时，铜锈的产生速度变缓甚至停止，生成的锈蚀物也减少，这称之为铜锈的休眠期。铜锈的生长期、休眠期并非绝对的，而是在不断交替，生长期到来时，新的化学反应在以前的生成物、铜锈的孔隙中发生，铜锈的多孔性越来越低，锈蚀之间也时常发生反应。这些锈蚀相对稳定，是一种由内向外再向外，或者两者都有的层叠状结构，这一结果已被 X 射线衍射的分析所证实，是青铜器数千年与环境相互影响、相互妥协的历史产物。

青铜器埋葬于地下的环境各不相同，接触到作为腐蚀介质之一的土壤，在空气、水、电解液的作用下，在漫长的岁月里形成各种不同色彩的腐蚀覆盖层。如外界条件不发生大的变化，其电化学腐蚀是不会无休止地进行下去的，反应到一定程度，就会达到相对平衡稳定状态，这种现象是由内因通过外因而起作用的。而另一种情况是器物出土后，存放环境受到改变，内部压力得到释放，新的平衡体系没建立起来。青铜器在新的环境中，建立平衡体系是十分困难的，究其原因是影响环境的因素较多，且环境条件每时每刻都在变化着，比如聚集器物表面的可溶性、吸湿性的盐类、氯化物，大气中水分、二氧化碳、硫化物及尘埃中飘落的有害物质等。这些变化的因素使青铜器的腐蚀会突然加剧，在新的环境下有的腐蚀还会像"瘟疫"一样蔓延扩散。

对青铜器的锈蚀，有的还提出了生物腐蚀的观点。实际上有些金属器物在缺氧的条件下腐蚀速度仍很快，腐蚀产物为大量的硫化物（这已被一些实验所证实）。这种硫化物是在嫌氧细菌的作用下，由微生物还原硫酸盐产生的硫化氢转变而来的。有关生物与青铜器腐蚀关系的理论还有待于人们继续深入的研究。

2. 观察锈的外观形态

■ 从锈蚀物的整体形态特征可分为

全面腐蚀或均匀腐蚀·全面腐蚀的程度通常用平均腐蚀速度来表示，腐蚀速度可用失重法和增重法、深度法和电流密度来测量。

局部腐蚀·包括点偶腐蚀、点蚀、缝隙腐蚀、晶间腐蚀、剥蚀、选择性腐蚀、丝状腐蚀。全面腐蚀虽可造成金属的大量损失，但其危害性远不如局部腐蚀大。引起局部腐蚀的原因很多，古代青铜器上的"粉状锈"是典型的点蚀现象，危害极大。

应力作用下的腐蚀·包括应力腐蚀断裂、氢脆和氢致开裂、腐蚀疲劳、磨损腐蚀、空泡腐蚀、微振腐蚀。

■ 从锈蚀物的颜色可以分为

对锈蚀物的分类首先可以依据颜色，青铜器表面最常见的锈蚀产物有赤铜矿、孔雀石和蓝铜矿，根据经验观察称之为"红锈""绿锈"和"蓝锈"等。锈色有红、绿、蓝、黄、白、黑、紫、灰、土、碱、沙等20多种颜色，每色又可分为深浅色多种，这些颜色对应的主要化学成分可归纳为有：

- 黑色的氧化铜、硫化亚铜
- 靛蓝色的硫化铜
- 蓝色的硫酸铜
- 绿至黑绿色的碱式氯化铜
- 亮粉绿色或蜡白色的氯化亚铜
- 褐红色（枣皮红色）的氧化亚铜
- 黑色或蓝绿色的碱式碳酸铜
- 绿色的碱式硫酸铜
- 蓝绿色和浅绿色的氯化铜
- 白色的氧化锡等

导致铜器表面锈蚀的成因很多，锈层密度、硬度差异也很大，成分复杂、颜色丰富，有的锈蚀就像璀璨夺目、五彩斑斓的宝石。它们不仅能反映出铜器的原料组成，还记录着铜器与环境"相处"的漫长岁月中的各种信息。

3. 常见锈的类型

由于青铜器来自不同的地区，埋葬条件有较大的差异，锈蚀物状态也不同，除了从外观、颜色上进行判断以外，更重要的是从其内部组织结构、化学成分分布，以及锈蚀机理等方面进行深入的研究，分析其所具有的共同性和差异性。

贴骨锈

贴着铜器表面的结实锈叫贴骨锈，贴骨锈用小锤敲震不易去掉。商代、周代的青铜器去掉铜器的贴骨锈后，多呈现的是枣皮红地，也有红黄色地子。其他朝代铜器上的贴骨锈被震掉后露出的不是枣皮红地，而多呈原胎器色。

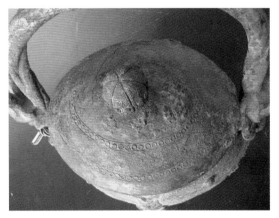

贴骨锈

发锈

从青铜器基（胎）体内部发起的一处或多处锈，内出现凹陷，外部凸起的大小疙瘩，纹饰、铭文处也随之高起。一般有发锈的铜器多半有很多大小不一的裂缝，疙瘩多呈绿锈状，很薄。如果用小锤震掉发锈，会呈现出红砖色、黑紫色或绿色。这类锈蚀铜器大多已失去金属属性，多因时代久远、材质冶炼不纯，腐蚀严重所致。发锈最严重的是商代铜器，其他朝代的铜器也有为数不多的发锈。

发锈

碱锈

因埋藏的土质含碱而形成的锈，用小锤震敲，再使用小刀推、拨可去除；有的碱锈层很厚，敲震时切勿伤及器表，将碱锈去掉后铜地子呈紫红色，极难看。

碱锈

☷ 釉锈

这类釉锈铜器多数不是埋葬在土里，而是藏在封闭的山洞里或是墓穴石室内。铜器没有全部着土，在空间放置产生了釉锈。有的釉锈铜器还带有水流状，使釉锈色彩更亮丽更为漂亮，釉色层次更丰富，一般以 3 ~ 7 色较多。整件器物被绿、蓝、红的深浅色釉包裹住，有的锈层厚度可达数毫米，纹饰、铭文都被掩盖，只见一层厚釉，牢固而坚硬。用小锤敲震釉锈，锈层能被敲震开裂，片片

釉锈

落，一般会出现三种地子，最好的是绿漆古地，其次是枣皮红地，再次是红黄地。

☷ 浮锈

铜器表面不是很结实的一种锈，多是贴骨锈外层的锈或是贴着铜器长出的，一般可把铜器全包住，看起来锈的厚度有的几毫米或更厚，锈色有绿色、沙土色，掩盖了纹饰、铭文，使器物的形状好像带的"松花"。用小锤轻轻地敲震，锈层便会全部脱落，就像剥"松花蛋"的土壳一样。

浮锈

◎ **糟坑绿锈（俗称杨梅锈）**

铜器上会外溢的绿色泡沫，是有害锈的一种。传统的去除方法是用小刀把锈坑内的腐蚀物剔除干净，用高分子材料填补之后，再用封护材料封护，这样停止绿色泡沫外溢。如清除不彻底、不干净，再经潮湿环境又会往外溢出绿色泡沫，所以必须控制环境因素。

糟坑绿锈

◎ **粉状锈**

一种点蚀型腐蚀，呈鲜艳的绿色或淡绿色粉末状。这种腐蚀产物会向四周不断扩展，连成一片，直到器物溃烂穿孔，对器物产生直接威胁。粉状锈也是有害锈的一种，必须去除。

兽首下的粉状锈

口沿位已溃烂穿孔的粉状锈

◎ **疙瘩锈**

突出器物表面的疙瘩状杂锈，由接触物腐蚀形成。这类铜器大多腐蚀严重，有的已失去金属属性。各时代的铜器都会有，由埋藏环境所导致，去除此类锈后下面没有地子。

疙瘩锈

孔雀绿锈

孔雀绿锈

这类锈因颜色像孔雀身上的绿色羽毛色而得名。锈色亮丽，非常漂亮，有一定厚度，为稳定的无害锈。若没有遮挡铭文及主要纹饰，可不做去锈处理。

观察分析锈的层次

通过肉眼和显微镜观察青铜器的锈层，并理解各锈层之间的关系和腐蚀过程，还有助于更好地为之后的"做色做旧"工作做准备。根据出土青铜器锈蚀层的层次特征，一般可分为四层。

第一层为地子皮壳：绿漆古地、黑漆古地、白漆古地、灰黑地、枣皮红地、水银沁地、泛金地等（详见 140 页）

第二层为贴骨锈：坚硬平光的薄锈层，以氧化亚铜为主。

第三层为层状锈：各种锈蚀的坚硬层，色斑、疏松的糟糠锈层等，该锈层更复杂、丰富。

第四层为土锈：坑土与锈粉混合物，坚硬泥沙、石灰质结晶物、钙化硬结土等。

4. 分析锈蚀物的性质

用科技手段对青铜器锈蚀成分的研究检测已成为现代去锈的依据。在早期尚未掌握锈蚀物成分的情况下，仅能从其结构疏松程度、颜色、是否影响表面形貌和纹饰等方面来判断锈蚀物类型和是否去除锈蚀物。20 世纪 90 年代起，随着现代分析仪器设备的丰富，上海博物馆研究人员对青铜器锈蚀形成的层理和成分进行了更为深入的研究。这些研究成果为团队对青铜器的病害机理以及锈蚀物的客观鉴别提供了坚实的科学依据。目前把锈蚀物是否含氯作为标准，将锈蚀物分为无害锈和有害锈两种。

无害锈·是指在正常环境中，锈蚀产物不再深入青铜基体，它们形成美丽的蓝色或绿色古斑，不仅没有破坏古代艺术作品，反而更增添了青铜器艺术效果，有审美价值，又可成为青铜器庄严古朴、历史悠久的见证，在保护修复时不必除去。

有害锈·是在正常环境中仍可深入青铜基体，含氯锈蚀物锈蚀的产物为白、绿色的粉状锈斑，俗称"青铜病"，主要成分为氯化亚铜 $CuCl$ 和碱式氯化铜 $Cu_2(OH)_3Cl$。有害锈会使铜器发生内陷、变形、凸起、表面粗糙，长期发展还会导致溃烂、穿孔、铜质失去、器物毁坏，甚至感染至其他金属文物。

对青铜器有害锈蚀物的检测一般采用硝酸银滴定法。

有害锈去除的抢救性工作就是将氯离子从器物里转移出来加以去除，或者把氯离子稳定控制在器物的内部与氧气和水隔绝免受外界环境因素的影响，这也是保护好青铜器的关键所在。有害锈治理方法一般有：倍半碳酸钠溶液浸泡法、超声波清洗法、苯骈三氮唑（BTA）法、锌粉置换法、氧化银填充法、潮湿箱置换法、激光等十几种治理方法。

有害锈的形成机理

有害锈的形成与氯离子（Cl^-）的存在密切相关。青铜器在冶炼和浇铸过程中，操作者是按一定比例熔铸青铜合金体，由于技术因素，有时不可避免地把含有氯化亚铜的矿物质带入青铜合金内部，以潜伏状态存在下来，形成不均匀分布状态，为后期进一步腐蚀提供了条件。青铜器若在埋葬环境中受到氯化物的侵蚀感染，出土时感染特别严重的会腐朽成一堆粉状物，而局部感染较轻者则处于稳定状态。出土后在新的环境中受到温湿度变化、有害物质的污染等多种因素影响，旧的平衡被打破，器物上感染的氯离子被激活，会造成"青铜病"复发，覆盖住器物上的文字和纹饰，向外溢出的绿色粉状铜锈，并迅速发展。

有害锈的形成还取决于青铜器的组成、内部结构、锈蚀介质与埋藏环境等多种因素。铸造青铜器时合金的凝固速度与凝固温度也会导致金相结构、合金成分呈不均匀分布的状态，这些结构不均匀分布的状态在青铜器内部形成夹心层；还有理论认为，青铜器中铜、锡、铅的不均匀分布，可形成许多电位不同的微区，组成微电池进行电化学腐蚀。不均匀的结构和不稳定的外界环境，腐蚀反应周而复始地进行，都是有害锈产生和不断扩大、深入的条件。有关青铜器的腐蚀、有害锈的形成机理等，仍待进一步的研究。

二、去锈的目的和原则

并不是所有锈蚀物都要去除，那些无纹饰的部位上稳定无害的锈层可保留，特别是那些类似孔雀绿色，如同蓝绿色宝石的锈层应予保留，这些锈层的锈色为青铜器更增添了神秘异样的美感。以下三种情况，需要去锈：

有损青铜器的寿命·青铜器表面的腐蚀物在一定温湿度的作用下，对青铜器基体会产生侵蚀，特别是有害锈会直接危害青铜器的安全，必须及时去除。注意，处理一定要干净彻底，不可留隐患。

有碍学术价值·铜器出现锈蚀物已严重遮盖着纹饰和铭文，直接影响到对器物断代、铸造工艺特点的研究，需要去除。

影响展陈效果·难看的锈蚀物如碱锈，直接影响展览陈列效果的，需要去除。

三、去锈的方法

对青铜器的除锈方法不是单一的，实际操作中会根据每一件器物的锈蚀情况，把几种去锈的方法同时应用于一件器物上，以达到满意的效果。根据去锈的原理可将去锈方法分为机械法除锈、化学法除锈、电化学法除锈。

1.机械法除锈

机械法除锈是对金属表面进行喷砂、研磨、滚光或擦光等机械处理，得到平整的、去除表面的锈层。采用竹刀、刻刀、手术刀、钢针、小针刀、小锤等工具，剔除、敲震或用水砂纸蘸水打磨等手工方法去锈。这种方法对于清除附着于器物表面薄锈层的效果明显，但对深入器物纹饰内厚锈的效果就不理想。随着现代科技的发展，修复工作中也先后引入一些现代机械工具去锈，如采用超声波洁牙机、微型打磨机等电动工具。

手术刀去锈   白钢小针刀去锈

用机械方法去锈后的效果

◎ 电动或气动刻字笔

刻字笔本来是用于金属、陶瓷、石材等所有硬质材料表面的刻字。在青铜文物的修复中，利用其工作的原理，用刻字笔的笔头所产生的震动对锈蚀部分进行震动打击，使锈层破碎。该机器的频率可根据不同的锈层进行调节，易于操作且效率高。

气动刻字笔

◎ 超声波洁牙机

超声波洁牙机是清除牙齿表面附着的牙垢的医疗设备，为青铜器去锈时，利用超声波震动去除锈。操作时把器物置于塑料托盘内，脚踩踏控制开关，以震动笔尖轻触器物表面坚硬锈层与锈蚀物，笔尖把震动感传送到锈蚀层上，由于接触点越小力量就相对越大，可使坚硬、厚实的锈层立刻粉碎。震动下来的铜盐粉末被触头喷淋水雾冲洗到盘内，应及时清倒铜盐粉末和污水，防止污染铜器。这种方法非常适用于精细纹饰凹槽及铭文上锈层的去除，可根据纹饰的形状选择相适应的扁或尖形的震动笔头。

超声波洁牙机 　　　　　超声波去锈

▣ 微型喷砂打磨机

该仪器的原理是利用空气压缩机气压带动细微粒的石英砂，经喷砂击打去锈的位置，根据锈蚀情况可调节气压。使用时首先选用120目和200目石英砂，分别装入喷砂机两个不同的储砂罐，操作前检查喷砂机各项工作指标是否正常。打开喷砂机密封操作舱，把器物置于密封操作舱内，打开电源，由脚踏板控制开关，利用压缩空气，通过喷嘴将砂砾（砂的颗粒度和空气压力按工艺要求而定）向金属文物表面做高压冲击，以清除表面氧化物及污垢。大型器物表面处理采用喷砂箱。小型珍贵器物可采用超声洁牙喷砂一体机处理，对器物表面无损伤。操作中应根据锈层厚度和去锈目标掌握好喷枪口和器物之间的距离，把石英砂均匀地喷在器物表面，切勿去锈过度。

▣ 微型台式抛光砂轮机

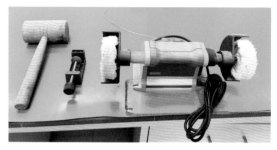

微型台式抛光砂轮机打磨时可根据不同的位置更换不同的形状、不同粗细的磨头。打磨时为防止铜盐粉末飞扬需随时滴水或是利用吸尘装置，及时将粉末吸走，对打磨硬结、沙泥、石灰石和坚硬的锈层非常有效。

微型台式抛光砂轮机

▣ 激光去锈

激光去锈原理可参考049页"激光清洗"。根据对各类金属器物所做除锈实验进行比较，得出结论：此法对金、银或鎏金、鎏银等彩色器物或与腐蚀锈色彩反差强烈的金属器除锈效果最好，随着基体与腐蚀锈色彩反差度的降低效果也会降低，金属颜色越亮丽鲜艳的除锈效果越好，颜色越深或越接近黑色器物的去锈效果越差。针对各种不同腐蚀形态的锈层所做除锈实验情况得出结论：对土锈、浮锈除锈效果好，对粉状锈等有害锈有效果，对坚硬厚实锈有一定效果。

2. 化学法除锈

化学法除锈指金属表面锈层在化学作用和侵蚀过程中被剥离去除。现代工业中一般金属件多用酸侵蚀法除锈，两性金属可用碱性溶液侵蚀法除锈，但作用于青铜器则可能对器物本身造成一定的损害，所以浸蚀剂的选择要慎重。传统修复中使用的化学原料基本都采用酸性较弱，结构稳定，不伤害青铜基体，无残留，具有可逆性的天然化学药剂，如醋酸、酸梅汁、果泥等。现代化学去锈还可将一种或多种化学试剂混合用于青铜器的清洗液中，这些化学试剂主要有碱性甘油、多磷酸盐、柠檬酸、六偏磷酸钠、乙二胺四乙酸、稀氢氧化钠溶液和稀硫酸等。还有一种弱酸凝胶贴敷法，只需贴敷青铜器局部患处，可起到很好的局部清洗或者除锈的作用，优点是避免浸泡和洗涤过程中可能带来的对青铜器的二次损伤。

传统天然化学药剂去锈法

醋酸加水的去锈方法·醋酸与水的比例一般为 1∶2，醋酸中加入的水量可灵活掌握，加多劲少，加少劲大。此法针对地子较好，有硬度，质地紧密，锈层已把铜器包裹住的器物，如黑漆古地、水银沁地的镜子。浸泡数小时后可取出观察锈蚀物的脱落情况，来掌握浸泡时间的长短。如遇铜器氧化严重，铜质属性退化严重，甚至没有铜质属性的，如发锈，则不可用此法，会伤及器物表面的地子，使器表的地子变成红砖色。此法还适用于鎏金器，鎏金器去碱锈后，多呈黄金色。可如果鎏金器上有发锈、绿锈，泡后会变成红砖色，极难看。

酸梅汁去锈·用去核酸梅汁 500 克加食盐 150 克，氯化铵、硫酸铜各 50 克，搅拌均匀，敷在铜器上去锈。如只用酸梅汁和食盐去锈也可，就是时间较长，具体方法为将食盐、氯化铵、硫酸铜碾成粉末，倒入梅汁里，搅拌均匀成糊状。如锈层器物包住的器物，可用小点锤震，注意误伤地子，需要去除的锈砸掉后，多露出枣皮红地子，然后敷上自制的材料待 20 分钟至半小时揭下检查锈是否已去除，纹饰、铭文是否露出。此法对铜器上有水银沁地、泛金地不适合。

红果泥（山楂）去锈·上好的去籽红果 500 克、上好的米醋 250 克、冰醋酸 250 克、食盐 100 克、氯化铵 100 克、硫酸铜 100 克，用砂锅煮至红果烂透，待凉后捣成泥，搅拌均匀即可。与酸梅泥一样制成后可以反复使用。红果泥去敷铜器去锈的方法，时间虽长，但柔性，不伤铜器。但水银沁地、泛金地的铜器切勿用，否则会失去本色。

碳酸铵去锈法·果酸及碳酸铵属于盐类物质且为弱酸和弱碱组成的盐。商、周青铜器去锈蚀用碳酸铵最好，碳酸铵形似白石状，有凉臭味，将该药碾碎过筛成粉状，放入瓷碗加清水调和成均匀的糊状，放置在封闭箱内，保持湿润，不受风日影响。青铜器上有蓝、绿、白、碱、土、灰、黑色的锈蚀物，用此材料除锈很有效。同样，水银沁地、泛金地和发锈勿用，否则会把地子咬烂成坑，这种材料"咬硬不咬软"。

· 化学去锈时遇到需要保护的漂亮锈层或其他装饰部分该怎么办？

· 用蜂蜡 500 克，松香 150 克，植物油 50 克，倒入水中，用手捏成蜡状，按在需保留的位置，等其他锈浸泡掉后，取出器物，用碱水冲掉蜡。

常见的化学去锈法

碱性溶液除锈·将药棉浸入除锈溶液中，充分浸润后，用镊子将药棉夹出，贴敷在有害锈的部位。用塑料袋或保鲜膜将其包好，保持药棉湿度，4～8 小时后取出，用蒸馏水或纯净水冲洗，切勿使用自来水冲洗。观察除锈情况，若有残留可重复上述步骤多次，直到青

铜器表面的有害锈清除干净。

2A 溶液除锈 · 用浓度为 99% 的工业酒精和蒸馏水按照 1 : 1 比例混合得到的溶液，用棉签蘸取溶液，对有害锈进行局部清洗，轻轻擦洗，可反复擦拭，直至去除有害锈。

脱盐浸泡 · 有害锈不仅在青铜器表面生成，还可能沁入铜身，腐蚀铜器内部，造成铜器穿孔、断裂。因此，除锈完成后的青铜器应放入脱盐液中浸泡 1 ~ 2 星期，以免有"漏网之鱼"。

草酸或柠檬酸除锈 · 选择不含氯离子的弱酸（如草酸、柠檬酸）和稀释过的氢氧化钠交替软化锈层再进行除锈。

▪ 电化学法除锈及其他

这是在酸或碱溶液中对金属件进行阴极或阳极处理除去锈层：阳极除锈是利用化学溶解、电化学溶解和电极反应析出的氧气泡的机械脱落作用，阴极除锈是利用化学溶解和阴极析出氢气的机械脱落作用。这种除锈方法可针对青铜器的局部腐蚀物进行。电化还原法常用到的金属还原剂主要是锌和铝，电解质溶液为氢氧化钠，用 5% ~ 10% 的氢氧化钠溶液与锌或铝粉调和成糊状敷于局部需除锈处，反应结束用蒸馏水反复冲洗去除残留药剂，观察反应状况，根据反应状况调整时间和次数。这种方法对青铜器的局部纹饰和铭文处的除锈效果更佳。

在化学浸泡法除锈时同时加入电流，借助于直流或交流电，能提高除锈的速度与效果。化学浸泡还可以与超声波同时使用，能够提高除锈的效果。利用超声波振荡的机械能使除锈液中产生无数的小气泡，这些小气泡在形成、生长和破灭时产生的机械力，可使铜器表面的氧化锈蚀污垢迅速脱落，加速除锈，同时除锈更彻底。加入超声波对处理形状复杂、有微孔、有接缝及要求高的器物除锈更有效。

修复后采用的防护措施对青铜文物的保护作用

虽然有关生物与青铜器腐蚀关系的理论还有待人们继续深入的研究，但重视预防性保护，尽可能控制文物储存环境的温湿度，有效降低和减缓电化学反应，已成为共识。文物库房应是封闭建筑，安装空调设备，控制湿度或使用吸湿剂。库房应将湿度控制在 40% 以下，温度在 14 ~ 18℃。南方地区上半年阴雨绵绵，注意这样的湿度最适合铜锈的生长。此外还应远离化工的区域，避免污水和烟尘的侵害。除了温湿度控制，还可以对器物做封护处理，使器物与空气隔绝，这也是一种有效保护措施。

四、案例分析

案例 1 多种腐蚀形态的锈层大面积包裹于器物表面

侧面整体修复前   侧面整体修复后

底部修复前   底部修复后   口部修复前   口部修复后

商晚期青铜尊修复前后

商晚期青铜尊，送修时器物整体几乎全部被各种锈蚀物包裹，纹饰全部被遮盖，表面看不出皮壳。锈层为多层分布，是锈生锈的典型状态。薄锈厚度 1～2 毫米，层层叠加的锈的厚度 5～6 毫米，最厚部分甚至 7～8 毫米。为追求完美的视觉陈列效果对其进行全面除锈。

去锈方案 · 化学与机械方法互用，可加快去锈的速度并减少化学浸泡时间，进而减少去锈过度的风险。

（1）首先，用去离子水或蒸馏水，反复多次对青铜器腐蚀处漂洗，用软刷做初步清洗。

初步清洗

（2）尝试用小锤对器物表面厚锈层进行敲击，震落部分浮锈。

口沿内侧的浮锈被敲击震落

（3）用化学方法对其浸泡，在浸泡一段时间后，表面锈蚀会逐步脱落，露出完好的氧化层（皮壳），对完好的氧化层涂抹一层虫胶液进行隔离保护，后期这层隔离膜可用酒精浸泡去除。腐蚀严重的厚锈层不可能一次去除，需要反复浸泡多次直至锈层全部去除。整个去锈工作是一个缓慢的渐进过程。期间需注意观察，一旦出现（皮壳）就要对其进行隔离保护，确保氧化层的完好。

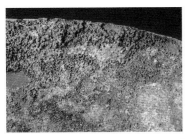

口沿内侧用化学方法浸泡一次　　　　　涂虫胶液对露出完好的氧化层进行保护

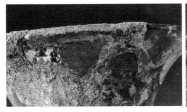

口沿外侧用化学方法反复多次浸泡　　　　露出完好的氧化层后进行保护

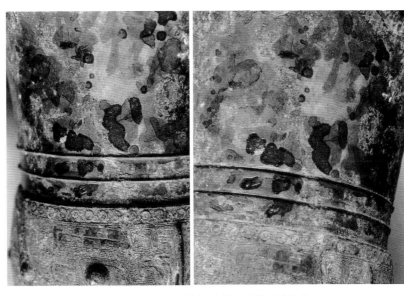

用化学方法反复浸泡处理后的颈腹部位

（4）浸泡一段时间后，效果仍不明显的部位，需对锈层表面做机械去锈，这样有助于加快去锈的进程，特别是针对厚的锈层再次用小锤敲震，腐蚀严重的锈层用水砂纸蘸水打磨，纹饰处采用刻刀、手术刀、钢针、小针刀等工具剔除。

（5）再次用化学方法浸泡，对已浸泡出完好的氧化层进行保护，再次浸泡观察。

（6）浸泡后取出，再使用手工工具剔除、敲震、打磨等方法对锈层表面去锈，其间，如效果不明显，可采用电动工具，如电动刻字笔或微型打磨机。特别对深入器物纹饰内的厚锈，除了手工的工具剔除，还可以用超声波洁牙机。通过化学和机械方法交替使用，如此多次反复，一层一层地把厚的锈层去薄，直到把锈层全部去除。

去锈前后腹部对比

案例 2 土锈的去除

西周晚期鳞纹鼎，上海博物馆藏，器身有破损（缺一足），整体器身布满锈蚀，青铜纹饰完全看不清，需要整体除锈，再补缺足后用于展陈。

去锈方案·先整体清洗，清洗后便于看清锈蚀情况再作分析。最终决定用化学试剂浸泡结合机械法去锈。化学浸泡后对局部区域的锈层轻轻敲击，使锈层酥松，并做剔除，再反复几次浸泡后得到理想效果。

西周晚期鳞纹鼎修复前后

案例 3　杂锈的去除

商早期斝，上海博物馆藏，通体满是杂锈，有破损，一足断，两柱缺，颈有部分缺损。器物腐蚀极严重，整体被各种锈蚀完全包裹，没有显露的皮壳。锈蚀物厚度达 2 ~ 5 毫米，青铜纹饰完全看不清，需要除锈并修复后用于展陈。

去锈方案·先整体清洗，看清锈蚀情况，根据锈蚀物的分析结果，决定用化学试剂浸泡为主，机械清洗为辅。先整体用化学试剂浸泡除锈，在浸泡的同时，用机械方法对局部区域做精细除锈，使锈层酥松便于加快效率。在长时间反复几次浸泡后得到理想效果。

去锈前　　　　　　　　　　　　化学试剂浸泡去锈中

修复后

商早期斝修复前后

▩ 其他同类型案例

去锈前

去锈后

去锈前　　　　　　　　　　去锈后

上海博物馆藏西周中期变形兽面纹盉去锈前后

案例 4　碱锈的去除

　　西周虢姜簋一对，两件簋的锈蚀十分严重，而且锈蚀物极难看，影响视觉审美。（其中一件器受外力挤压，有变形、开裂现象，需要去锈后整形，见87页）

　　去锈方案·同样是先整体清洗，看清锈蚀情况后作分析，这两件器物基体的金属属性尚可，检测腐蚀以碱性物为主，可尝试用小锤对器物表面厚锈层进行敲震，对锈层表面进行有选择的机械除锈。观察震落锈的情况，再确定化学浸泡的时间和次数，直至达到理想效果。

西周虢姜簋去锈前后

案例 5 纹饰凹槽内的锈蚀物去除

商晚期毂簋，保利艺术博物馆送修。器身大面积被锈蚀物覆盖，纹饰被遮盖成另一番模样。原本纹饰的凹槽，被锈蚀物全部腐蚀填满，甚至顶起高于器表的青铜纹饰，也就是原本凹位变为凸位。锈蚀物误导了对青铜器纹饰的理解和认知，需要去除。但大面积锈蚀物中有多处非常漂亮的蓝绿锈，为提升美感，可在不影响纹饰清晰度的情况下适当保留美观的锈色为底锈。

去锈方案·青铜纹饰精美且有规律，凹槽很精细，间距只有 1～2 毫米，操作空间小，难度大。最后决定用超声波除锈法。利用超声波洁牙机操作手柄上的扁头和尖头对青铜纹饰的凹槽内锈蚀物进行去锈工作。整个工作的精细程度，相当于对器身做全面的雕刻，要求有极高的耐心、细心才能很好地还原纹饰本来的面貌。

毂簋送修时

毂簋去锈后

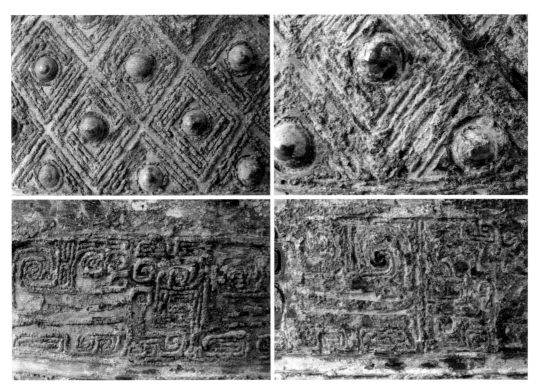

局部去锈前的纹饰

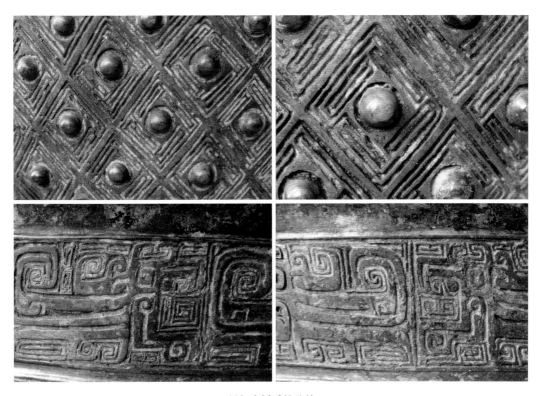

局部去锈后的纹饰

案例 6　绿锈去除

西周木羊簋，保利艺术博物馆送修。整体有一层绿锈，不美观，影响展陈效果。希望还原青铜器氧化层皮壳，提升美感。

去锈方案·整体清洗后，用机械去锈和化学试剂浸泡相结合的去锈方法。大块的绿色锈部分可用小锤敲震，细纹饰处的锈待化学试剂浸泡酥松后，用细针类工具除锈。

保利艺术博物馆西周木羊簋送修时

保利艺术博物馆西周木羊簋去锈后

案例 7　泛金地子铜器去锈

　　西周父甲单把觯，苏州博物馆送修。通高 18 厘米，腹径 11.6 厘米，口横 9.1 厘米，口宽 4.4 厘米。没有损坏，要求只做除锈，提升美感达到展陈效果。

　　去锈方案·此器只是部分为泛金地子，周边的皮壳并非全部是泛金地子。但只要是有泛金地子，化学浸泡的去锈方法就得放弃，因为化学浸泡会使得原有的铜（金）色变色，而只选用机械去锈。用小锤对器腹部轻轻敲击，震动后锈层随之片片脱落，露出亮灰色金属光泽地子。腹部用机械法去锈后，去锈效果明显。

西周父甲单把觯送修时

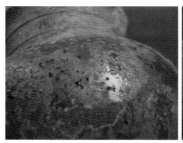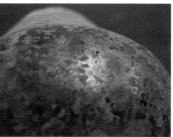

小锤轻敲腹部去锈

案例 8　枣红色地子铜器的去锈

商晚期觚，整体有一层锈蚀物，影响展陈效果。送修时要求还原青铜器致密氧化层皮壳，提升美感。

去锈方案·运用机械法除锈，小锤轻击露出枣红色地子，这种地子运用机械法除锈效果最佳。

去锈前　　　　　　　　　　　　　　　去锈后

商晚期觚去锈前后

案例 9　腐蚀严重的薄壁器去锈

　　商青铜盉，河南省文物考古研究所 2000 年送修。周身腐蚀严重，有几处大量的腐蚀堆积物，仅局部露出器表，影响视觉效果，需除锈。

　　去锈方案·化学与机械法相结合，机械法去锈时特别要注意力度，以免破坏薄壁。

商青铜盉送修时

商青铜盉去锈后

案例 10　粉状锈的去除

　　西周青铜盘，上海博物馆藏。器物有损坏，器物表面有多处锈蚀物，有一处的锈蚀为粉状锈，且已腐蚀穿孔，需去锈后补缺。

　　去锈方案·运用机械和化学方法相结合的方法除锈。注意去除粉状锈后，一定要对去锈处做必要的封护。

西周青铜盘修复前

西周青铜盘修复完成后

案例 11　局部精细处的去锈

　　春秋早中期龙虎钮盖变形交龙纹鼎，秦国制品，保利艺术博物馆送修。器表有各种腐蚀物影响展陈效果需去锈。

　　去锈方案·主要用化学方法浸泡除锈，还原器物表面本色。

春秋早中期龙虎钮盖变形交龙纹鼎去锈前

春秋早中期龙虎钮盖变形交龙纹鼎去锈后

鼎盖去锈前　　　　　　　　　　　鼎盖去锈后

鼎盖各部位去锈中

上图去锈前、中图去锈中、下图去锈后

鼎的腹部细节

对漂亮的绿锈做了保留

鼎盖上纹饰

第三节
青铜器的整形及案例

青铜器埋葬于墓葬和窖穴中，受到外部环境振动（地震、墓葬倒塌）、堆积物挤压、人为破坏（盗墓）等干扰，产生物理形变的现象非常普遍。利用青铜器金属残存的物理延展性、弹性、柔性、脆性、强度等，通过对青铜器变形局部施加锤打、模压等外作用力，或配合加温等，使器物逐步恢复原来形状的操作就是整形（矫形）。青铜器的整形（矫形）也是有别于其他类别材质文物所特有的一种修复手段。

国外对于变形的青铜器修复很少采用整形的方法，一般制作外部支架辅助连接，从而支撑和展示。外文资料中对器物的具体整形技术也少有提及，有关于古物保存方面的著作也只简单提及了对被挤压铜器的处理，认为可以通过适当的加热设法恢复它的原形，同时要将对器物的震动减少到最低。我国传统青铜器修复技艺中的整形技术发展至今已有一套比较成熟的方法。

一、整形原则

1. 不是所有青铜器都可以接受整形

青铜器变形情况比较复杂，也不是所有变形的青铜器都可以完全恢复原形。整形的恢复程度取决于青铜器本身变形的程度、青铜合金成分、器物壁厚，以及腐蚀情况等。早在南宋《洞天清禄集》中就有记述，通过断口的状态，对断裂部位施以幅度轻微的手扪尝试，判断铜器的锈蚀程度和尚存的弹性程度，从而判断是否可以整形，以及整形的幅度。

2. 整形不可以造成二次损害

不能因为整形修复而造成青铜器的二次损坏。有些早期粗暴的整形方法，如通过人工物理分解的锯解法手段，对青铜器进行拆解重组，不仅破坏文物本身，而且在修复后无法获得真正的原始数据信息，与当今文物保护修复理念与原则相违背，必须禁止。

二、整形工具

1. 常用工具

整形常用工具离不开各种夹具和钳子。

C 形夹

F 形夹

开口夹

牵拉用铜丝

尖头钳、平头钳

2. 上博自制的整形工具

在无损伤性修复的理念下，尽可能地排除对扭曲变形青铜器使用锯解整形，在传统捶打法、模压法、撬压法等的基础上，寻求一种与变形青铜器体型相符，可以由内到外多着力点同时加力的整形设备，是青铜器修复中整形工作的重要任务之一。上博根据几十年的青铜修复工作经验，总结了以往设计的整形修复工具，结合汽车修理行业的钣金原理，积极思索，大胆改进创新，结合青铜器的金属特性，自行设计发明，并专门研制了青铜器专用整形定

专用整形装置

内撑金属杆

位的修复装置。这种工具可以根据青铜器不同的变形情况，通过自带的多个角形支点，从不同的方向施加不同的力度。此方法科学合理，操作简单，省时省力，功效显著，结合当前先进的高精度焊接工艺，在青铜器的整形修复、复原等方面取得了开创性的成果。

· 专用整形装置：用厚 10 毫米的钢板制成直径 55 厘米的圆筒，周身间隔 40 毫米开直径 10 毫米的螺孔，共开有 256 个孔可插入调节杆，用于器物由外向内的矫形。

· 内撑金属杆：可调节的内支撑，用于器物由内向外的整形。

三、整形方式

对青铜器进行整形修复的方法有很多，有模压法、锤打法、加温矫形法等。这些方法都存在方法单一而不能连续操作的缺陷，比如捶打法矫形，力度过大青铜器易折断，使青铜器受到二次破坏，而力度小则对整形无济于事。实践操作时各种方法可综合、灵活运用。

1. 单片整形

用于单片整形的木质模压片

针对每件碎片制作木质模压套件，套件由一个凹面、一个凸面的模压片组成。将碎片放置到两个模压片的中间，然后用钢质 C 形夹具从两侧夹住模块，以热风枪进行不超过 200℃的加温辅助来进行矫正。在比照各碎片的变形程度，同时参考同类器型的基础上判断青铜器原有形状，根据残片的矿化程度，决定每次矫正的幅度和矫正的次数。

2. 局部整形

相邻碎片的拼合后发现总体弧度无法与其他邻近区域的弧度相协调，即采用曲面合适的模块，再次进行加热-模压的整形操作。必要时对不希望变形的部分临时用内撑金属杆支撑。

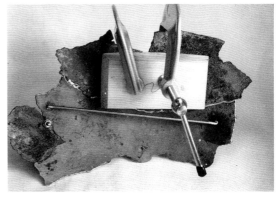

局部整形（张光敏制）

3. 整体整形

有的大器变形，或粉碎性的变形破损，单片和局部整形完成后，发现整体拼合操作仍存在困难，需根据损坏情况在器物内部特制相适应的支架配合粘接和整形的操作。这样的辅助设备是为所修复文物所特制，一物一用。整形修复思路就是找到可以借力的支点用于整体整形。以春秋交龙纹鉴特制整形设备为例，其主体是一块周长略大于口沿的圆形木盘，木盘中心有轴承，可使之如陶轮一般转动；在圆形木盘上，固定了约 10 根木棱，木棱的长度和弯曲的弧度按照鉴腹的形状尺寸打造，总体构成一个倒置的交龙纹鉴骨架；已拼合的口沿及部分鉴腹倒置在木盘上，以龙骨上的螺丝来进一步整形。木盘四角另装置 L 形铁条，便于安装和收紧钢丝来矫正形状偏离仍然较大的部分，这样的设计可以同时对多个部位作用，避免单独一处受力过大产生破碎。此外，为了检验整形的效果，在倒置的鉴底中心临时固定了一个垂杆结构，通过转动木盘来观察鉴腹、口沿部分与鉴底的同心程度。

春秋交龙纹鉴特制整体整形装置（张光敏制）

四、整形案例

案例 1　局部小裂缝的整形

商兽面纹青铜觚，上海博物馆藏。觚身有锈蚀，口沿边缘有一处4厘米长裂缝，并伴有变形，裂缝处有1毫米高低的落差。需去锈、整形后用于展陈。

整形方案·针对这类局部小裂纹，一般可用模压的整形方法，用木模片及夹具对变形处进行施力。

后在缝隙间填补环氧树脂做补缺修复。

商兽面纹青铜觚修复前

运用夹具对局部做整形

商兽面纹青铜觚修复后

案例2 局部变形的整形

战国铜钲，镇江博物馆送修。器身一侧有一处5厘米×6厘米的缺损，缺损边缘伴有变形，要求修复后用于陈列。

整形方案·根据铜钲的基体金属属性和器壁厚薄的情况，采用捶打法整形。把铁墩置于铜钲内瘪凹处，捶打变形鼓起处，逐步过渡到凹瘪处，注意不断变化角度，使凹陷部位慢慢抬起，用尖头钳、平头钳微调，恢复原貌。

后对缺损处做补缺修复。

战国铜钲修复前

战国铜钲修复后

案例3　多处变形的青铜器整形

　　西周青铜簋，上海博物馆藏。簋体缺损严重并伴有变形，器壁薄 1 毫米，基体有金属属性。

　　整形方案·先整形后补缺。此器变形错位严重，先对器物整形，凸起部位用捶打法轻捶，对翘起处用尖头、平头钳调整有落差变形的部分。在缺失部位用金属薄片依样裁剪出大形后加热捶打出相应的弧度，再次切割掉铜皮因捶打而产生的多余部分，得到相应形状的补配片后补缺（补缺内容可参考第五节）。

西周青铜簋修复前

西周青铜簋整形补缺中

西周青铜簋修复后

案例 4 局部内凹青铜器的整形

西周虢姜簋，口部近耳处有一条 3.5 厘米的裂缝并伴有变形，内凹有 5 毫米落差。（去锈修复见 069 页）

整形方案·通过工具内撑整形。把自制金属内撑置于口部变形处，两头用矫形的木模片垫底。变形位一头的木垫片为小块，目的是减少接触点从而加大受力度。旋转撑杆上的螺丝逐步推动支撑杆向外延伸，使器壁被推顶回原位。在腹部撑另一根撑杆与第一根撑杆相交呈 90°，两头同样用矫形的木模片垫底撑至固定，这是一种预防措施，目的是为了尽可能地减少撑杆向外撑时，受力延伸涉及其他不需要整形的部位而引起形变。由于这件簋器壁有一定厚度，整形时适当加温可起到辅助作用。

西周虢姜簋整形中

西周虢姜簋整形修复后

案例 5　压扁青铜器的整形

西周早期青铜鼎，内蒙古博物馆送修。整件器物受到外力挤压，已严重变形。器身由原来圆形变为椭圆形甚至有些扁平，口沿弧形有明显的错位现象。有补铸痕迹，口沿及腹壁有多处裂缝，腹壁一侧有大块缺损。一足向内侧严重倾斜，一足断裂，一足缺失。

整形方案·由于此器铜质没有被完全氧化腐蚀，还具有一定的金属延展性，所以通过自制整形装置来恢复原貌。整形恢复程度需在修复过程中不断评估调整。一般为整形后再补配，但因为这件变形部分太大，变形程度也很严重，所以局部整形后先制作补配件粘接，目的是为了加强牵连制约，之后对其他局部有落差的变形部位再做整形和补配粘接，整形与补配交替进行，一步一步完成整个器形的修复工作。

西周青铜鼎修复前　　　　　　　　　　　　西周青铜鼎修复后

（1）把青铜鼎放置于矫形器内，在器壁外垫衬铜皮，防止矫形螺杆破坏器物表面，从而达到保护器物的目的。用矫形器周身上的螺杆控制，对器物的外形进行矫整，达到初步改变器型的目的。

（2）调节内部支撑杆的螺杆，控制力度，从器物的内部进行矫形，从而达到完善器形的目的。

（3）内、外同时矫形，此几股力量同时施于青铜器的器壁之上，从而达到进一步完善器形的目的。在矫形的期间要随着器物的细微变化而不断调整受力的角度和力量。经过相当长的一段时间的施力与受力，促使青铜器把基体内的应力逐步释放掉，可借以加热的方法加速释放，不让器壁变形反弹回去。

（4）局部整形后，为最大面积的缺损部分制作铜质补配片，粘接后再次放置回整形装置内，对其他局部位置进行再次整形。经过二次、三次交替的整形、补缺和粘接，应力得以完全释放。最后在完全可控的范围内，一步一步完成整个鼎的整形和补配的修复工作。

1·大面积缺损的腹部位的整形

2·在腹和口沿内做内支撑，用可旋螺杆控制力度

3·从口部、腹部的外侧周边由外向中心施力，慢慢转动螺丝，通过调整器物的角度来整形

4·补缺和粘接后再整形

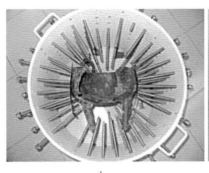

1   2

3

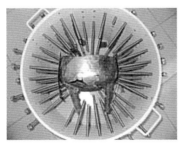
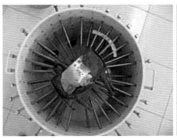
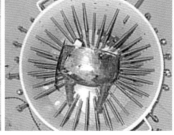

4

西周青铜鼎修复中

第四节
青铜器的拼接及案例

拼接可分为"拼"和"接"两部分。"拼"指拼对，指把小及碎的部分化小为整的过程。其间，分为寻找相邻的碎片、模拟预拼接和最终的整体拼对几部分。"接"指连接方式，青铜器修复中的连接方式有粘接、焊接等。连接方式的选择根据待修复青铜器自身特点而定：碎的、承重要求不高的器物用粘接；大器、有承重要求的厚壁器物、金属属性尚可的青铜器用焊接；而有的部分又薄又脆，焊接部位受热体积膨胀不均，会产生炸裂现象的，可用点焊和粘接同时进行的方法。

商中期兽面纹觚去锈后拼接修复

一、焊接法拼接

焊接法是修复金属文物的常见传统方法之一，适用于金属含量较高、质地较好的青铜器，判断依据以连接处是否具有焊接条件（含有铜质）为准。

1. 锡焊

用烙铁熔化铅锡焊料进行焊接，一般使用低熔点金属锡焊接（共晶焊锡由 63% 的锡、37% 的铅组成），这种焊料的熔点低（183℃）。对于铜质较好具有焊接条件的器物，首先要锉焊口，焊口选择素面处，避开纹饰、铭文，在对接的两块铜器的断口上锉出 45° 倾斜状，方便焊接。断口锉露铜质后涂助焊剂（上博用自制无氯助焊剂），清除其表面的氧化物，达到助焊目的。焊接又分全焊和点焊。先进行点焊，观察器物焊接口的情况，平整、无错位、弧度正确地吻合后对焊缝全部焊牢，依次这样操作。

- 优点：锡焊在常温下凝固快，方便调整矫形，可反复操作。

2. 氩弧焊

氩弧焊是利用氩气对金属焊材的保护，通过高电流使焊材在基体上熔化形成液态溶池，使被焊金属和焊材达到冶金结合的一种焊接技术。在传统低温锡焊强度达不到要求时才使用。一般对大型且变形严重的器物才采用氩弧焊进行连接，因为低温锡焊作用到比较厚的青铜器焊接时，容易使已焊接好的焊口重新裂开。氩弧焊可提高焊口强度，确保整体矫形焊接处的稳定性。

- 优点：牢固稳定。
- 缺点：焊缝周边会变色发黑，因此尽可能少用或不用这种方法。

备注：目前越来越少用焊接的方法来修复青铜器，原因其一为修复材料（黏结剂）性能的提高，粘连能达到一定牢度；其二是修复理念的改变，目前强调以最少干预修复文物。在焊接操作时需要锉茬口，多少有一些损伤青铜器，为了尽可能避免二次损伤，使用时比较谨慎。只有在器物无法达到陈列原貌的展示效果的时候才会运用，而且尽可能用点焊与粘接相结合的方法，既减少接触点，又能保证拼接强度。

二、粘接法拼接

文物的拼接修复大多都以粘接复原为主，由于青铜器金属材质的关系才出现了焊接技术。对于锈蚀严重、无金属质地的器物或脆弱酥松的脱胎器，焊接已无能为力，在这种情况下，粘接修复对这类青铜器物就能起到非常重要的作用。随着现代科学技术发展，不同性能、不同用途的黏结剂在国防、农业、工程建设中被广泛使用。青铜器修复工作也使用了其中一些黏结剂，并在不断地探索更符合修复需要的黏结剂。粘接法拼接比焊接方便、快捷。

粘接工艺的流程

①制定粘接方案   ②选胶

③对破损器物的茬口进行初步清洁

④对茬口位置（大型器物）设计、加工、制作适当的引定扣或拉件

⑤擦清表面待干燥   ⑥配胶

⑦涂胶   ⑧粘合（用自作的撑固件做临时固定）

⑨放置、固化   ⑩修整打磨

上述程序可根据器物的类型、破损程度、黏结剂的品种和使用条件等进行适当取舍。

三、助接固定法

针对焊接或粘接时，不易拿放，手无法操作的问题，设计制定相适应的拉接、助接固定物来配合焊接或粘接工艺使用。助接物没有统一的标准、形状、厚度都根据每一个器物而量身定制，如引定扣、拉铆、榫钉等，增强器物拼接拉力。这种方法适用在无纹饰处。

引定扣插入器壁的凹槽

1. 引定扣助接

选择有厚度的器壁为对接处，在相互对接位用笔划线定位，分别在对接两侧的截面上切相应的凹槽。凹槽厚度就是引定扣的厚度，凹槽的深度越深越好，一定的深度更有利于定位。用比器物薄些的铜板制作引定扣。把引定扣插入凹槽，先作预对接，反复调整引定扣和凹槽的深度、厚

度、形状等，从而在相互对接时尽可能减小缝隙。最后在器物对接处锉好坡口，先烫上一层薄薄的锡层，引定扣打磨光亮也要烫上较薄的一层锡，对接严实后加热焊实。

2. 拉铆助接

拉铆的方法在修复大型的器物时，能起到释放应力的作用。有的中空器物中间断裂变形，断裂的茬口很薄，如果锡焊，展出需要做架子不利于收藏。在器物里面不明显的部位用长条铜板做几条拉带，随器物的形状，在拉带上打几个眼，双边均打成凹型钉帽形孔。用铜铆钉铆实，然后再在周围磨平外部的铆钉，做色做旧。083页局部整形中的长铜丝即为拉铆。

3. 榫钉助接

制作榫钉是另一种可以把两片青铜碎片连接牢固的方法。青铜碎片常用自制的双燕尾榫钉连接，此法非常适合器壁薄的青铜器物。

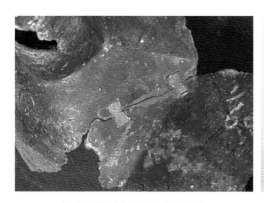
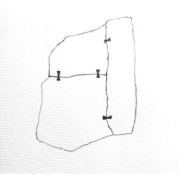

双燕尾榫钉连接两片青铜碎片　　　　双燕尾榫钉连接三片碎片的示意图

4. 打销钉助接

打销钉的连接方法是在相互对接的两块碎片的截面上打孔，然后插入自制销钉连接，增加牢固度。常用于有一定厚度的、长形或承重（吃力）处的连接。如剑的修复，在断开的剑脊两边截面中心最厚处，两两对应处打孔，插入特定的自制金属销钉，销钉长度根据剑身的长短、剑自身承重而定。

打销钉助接

四、拼接案例

案例 1　平面类粘接修复

汉神兽纹铜镜，上海博物馆藏。此镜在送修时为一堆碎片，共计多达 25 片。拼接后测量直径为 24 厘米，另有 5 处缺损。这面镜子几乎涵盖了铜镜修复中的所有难点，破损严重，碎片多且薄，镜面偏大，有一定弧度。"碎"造成粘接不服顺，缝隙大；"薄"造成粘接的接触面小，不牢固；镜面的"弧度"，造成粘接时不好操作，粘接后碎片之间会有落差。

拼接方案·为了减少粘接时操作的难度，增加粘接的准确性，可先制作与镜面相应的凹形托模，可解决粘结"弧度"的问题。

粘接修复后还需补缺、做色，这里只详细介绍粘接修复的步骤：

汉神兽纹铜镜拼接后正面

汉神兽纹铜镜拼接后背面

（1）制作镜面托模：先在桌面上揉捏一层雕塑泥，把镜面碎片朝下置于在雕塑泥上进行预拼对。注意调整镜面的弧度及各碎片边缘连接的服帖平顺关系，力求各荐口严丝合缝。然后保持这种完全吻合的状态，将碎片小心地摁入泥中，慢慢轻压出整个镜面的印痕。沿着镜外围 1 厘米处捏一圈泥，与镜底部的泥料连接作为围栏挡条后，小心取走碎片。接下来，调石膏浆料浇灌于围栏挡条内，代替镜子做一个临时镜模。等模干后在表面上涂脱模剂，并沿镜模外围用泥挡条围一圈栏，再调石膏浆料浇灌于围栏挡条内达一定厚度，保持石膏浆料与桌面平行，便于翻转后可置于桌面操作。如此制成支撑镜面的托模（也可称为"外范"），可确保粘接镜面碎片弧度的准确性。

（2）粘接：粘接时先在碎片断口截面上涂抹黏接液，后置于托模上拼接。以托模为依据，黏接液会从粘接的裂缝隙流入托模而与托模粘连，一般可轻击托模背面来提取出已粘接的镜子。

为了便于镜子与托模的分离，如托模太厚就要增加敲击力度，会影响镜子提取时的安全性。根据笔者的修复经验，托模厚度以 1.5 ～ 2 厘米为宜，这个厚度的托模，在粘接操作时石膏既不容易损坏，又方便在粘接后提取已粘接的铜镜不会伤及文物本身。

（3）微调、加固：粘接时在托模上虽然有了预拼接时的拼对痕迹作为依据，但仍需再次微调。为了使各碎片之间更严丝合缝，也可用细小的针插入在托模内的外缘，使缝隙进一步挤兑收拢，当然此时仍需比对微调，用浓度较稀的黏胶灌入缝隙进行加固。在固化时间内一次性完成全部碎片的粘接。注意粘接缝隙两边不能出现一边高一边低的阶梯状，经过粘接修复后，要求镜面光洁平整、均匀严密。

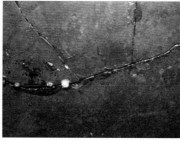

粘接微调中

粘接微调后

铜镜修复的"破镜重圆"

铜镜是古代照面饰容的用具,是一种常见生活实用品,所以传世与出土铜镜较多。铜镜形制多样,方圆皆有,唐代以后还出现了葵花形、菱花形、带柄等形状的铜镜,但最常见的还是圆形。

1. 如何才能够"圆"

通常在修复的时候要先制作简单的固定垫具,思路是通过在镜边缘固定外围,把碎片一起"卡"在其中。首先预先拼对破镜茬口,测量出复原的直径、半径,然后选择一块比需要修复的铜镜略大的木板,用圆规在木板平面上划出与镜面直径一致的圆线。沿圆线间隔钉一圈大头针(图1),菱花形垫具上的针可钉在两花瓣间的连接处(图2)。这样在垫具内修复铜镜就不易移动走形。

图 1

2. 碎片太多

一般碎片在三片以上或同一区域只要大于两片的,粘接到最后一块碎片时,不可避免地一定会遇到拼接不服帖的问题。不是因为拼接时不严密、不平整,而是因为黏接液或多或少总是有些许厚度,虽然那些多出的胶液非常细微,但用手摸还是会有突出(高出)一点的感觉。随着碎

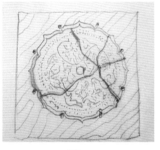

图 2

片越多,黏结液增加的厚度也就越多,拼接也就越容易不平整,掌控镜面的弧度的难度也越大。而且对于满纹饰的镜子而言,粘接不服帖对后期纹饰的雕刻和做色等都会带来一系列问题。为了解决这一棘手的问题最好借助其他辅助材料来固定碎片,如案例1(094页)中制作托模的方法。

3. 粘接时间

碎片粘接的难度是随着碎片数量的增多而成倍增加的。一般的操作是依次粘接碎片,等前一部分黏结剂固化再拼后一部分,那么拼接的误差会随着碎片粘接次数的增加而相应增大。例如对一面镜子来说,若把碎片分为上下左右四部分区域粘接,每一部分

粘接时都感觉很合缝，最后要把四部分粘接在一起，则发现这四部分不可能做到严丝合缝，局部边缘一定有落差，最终影响整体修复效果。如拆了重新粘接，又会对文物造成二次损害。因此最好的方法是，在黏结剂固化的时间内一次性完成多碎片的粘接，这样才能为之后达到极致完美的修复效果打下基础。当然，一次性粘接时需要把所有的细节问题都考虑进去，操作难度会很高。

4.镜身太薄，接触面太小

如果镜身太薄，连接处的接触面就相应变小，容易造成断裂，需要巧妙运用点焊和粘接相结合的方法来解决问题，或借助其他技术和方法加强固定，如在镜子边缘或素面厚的部位借助于打销钉、引定扣等来加强连接（见098页的案例2）。

战国猴纹镜修复前后

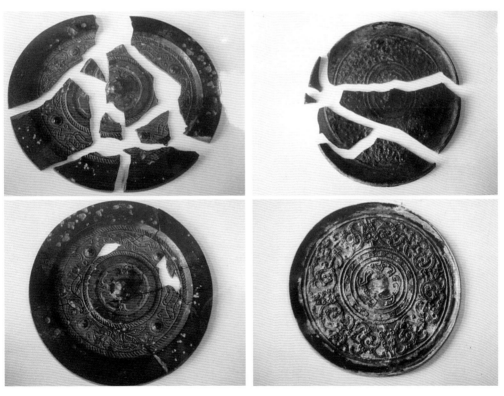

汉四首纹镜拼接前后　　　　　战国大乐贵富蟠龙纹镜修复前后

案例 2 平面类引定扣固定助接

战国"山"字镜，上海博物馆藏。镜子表面有大面积腐蚀，镜面破碎为大小共 14 片，拼对后有部分缺损。此面镜为标准"山"字镜，是战国时期代表性的镜子。在 2011 年上海博物馆铜镜展中有展陈需求，所以送修。镜面壁薄仅 0.5 ~ 1 毫米，纹饰非常精细，要兼顾陈列效果和提取文物时安全牢固的要求，修复难度很大。

拼接方案·用引定扣在镜面边缘固定助接。镜面边缘壁比镜面稍厚 2 ~ 3 毫米，在较厚处用微型打磨机开槽。使用 0.3 ~ 0.5 毫米厚度的铜皮制作与槽口相适应的引定扣，插入槽口，这样就固定住了镜子边缘的位置。拼接时注意，对其内部做预拼接后尽可能一次性完成粘接，使缝隙更紧实，吻合性更好。

上海博物馆藏"山"字镜修复前后

案例 3 立体类粉碎性拼接

　　青铜镂空龙纹方盒，陕西省考古研究所送修，出土于陕西韩城梁带村。勘探成果表明是范围大、等级高、保存好的两周贵族墓，为近年来国内最重要的周代考古发现，为当年"全国十大考古新发现"之一。2012年5月8日在上海博物馆举行"金玉华年——陕西韩城出土周代芮国文物珍品展"，展览由陕西省考古研究院、韩城市人民政府、上海博物馆联合主办，这是其中送修的一件展品。此器物制作风格独特，整体镂空，正面纹饰分5组，每组雕铸有两条变体龙纹，很具代表性，是国宝级文物，具有很高的艺术和历史价值。这件青铜器出土时已不成器物，为一堆碎片（多达50余片）。送修时碎片29片，是经考古所工作人员为防止缺失而临时粘接组成。修复后盘身长28.7厘米（连钮长30.8厘米）、宽5.6厘米、连盖总高7.5厘米。

　　修复难点·器物形制不大，镂空、薄，铜质基体氧化腐蚀严重，严重变形，还有缺损；碎片薄且小，基本都是小段粉碎性或碎不成形的，粘接困难；碎片横截面很小，粘接的接触面也势必更小，做不了销子，影响粘接牢固；碎片多，多片拼接会造成拼接不服帖的问题；由于器物小且整体镂空，使得修复操作极其不便；缺损部位的补缺难度大。

送修时

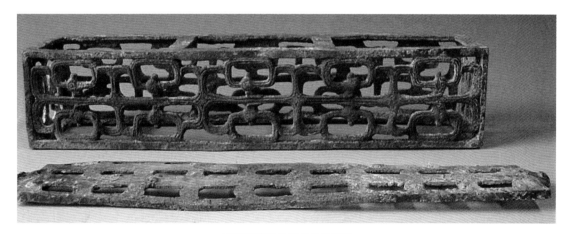

周青铜镂空龙纹方盒修复后

侧面修复后　　　　　　　　　　　　　　　　侧面内部修复后

修复方案·诸多问题加在一起不只是"一加一等于二",而会造成困难的成倍增加,拼接是其首要难点。因胎质腐蚀氧化严重,铜质已所剩无几,有酥松现象,确定只能选用粘接的拼接方式,使用环氧树脂(全透明 AAA 超能胶)进行粘接。粘接时操作困难、无法固定碎片、容易散架,可选择设计制作支撑框架来辅助完成拼接。再运用传统修复方法完成后续工作。具体操作如下:

(1)拼接准备:首先通过对碎片样貌特征的仔细观察和分析,比对查找相应的茬口位置,对碎片进行预拼对模拟,之后把碎片编号分区域记录下来。由于碎片量大,可把碎片分为变形和不变形的。对于不变形的碎片,可一片接一片,等黏结剂固化后再粘下一片;也可分区域把小碎片粘成大片,方便之后整体的成型粘接。此外,由于这件器物金属属性所剩无几,无法整形,正好可以通过粘接变形碎片逐步过渡到解决变形矫正问题。

(2)制作支撑框架辅助拼接:根据器物内部的大小设计制作出一个可调节尺寸的内置支撑框架作为辅助设备,这个支撑的框架不是一件而是多件物的组合,在主框架上从不同角度插入一个或多个大头钉,以支撑细小部分的粘接。目前可借助 3D 打印技术,预估计算后建模,打印一个形状相适宜的内衬(框架),这个内衬由几片组成,这样方便在完成支撑的任务后提取出内衬。制作这件器物的内部框架时,厚度与宽度尺寸可以大致确定,但长度尺寸不易判断,另外因碎片太多,起到支撑作用的突出物准确位置也不易确定,需要在拼接过程中反复比对、调整。

(3)其他修复步骤:缺损的部分补缺,可用工具裁剪、弯曲小铜棍,使铜棍得到与镂空部件相适应的造型,在镂空部件的两头用快速胶固定。有些稍大的缺损部分可同法用铜皮弯出相应的造型,先制作一个基础的框架先行固定,再填补树脂等待固化,固化后打磨,再次填补等待固化。最后,经过打磨、雕刻纹饰、做色做旧,完成修复。

　　补充：因受展出时间的限制，修复这件器物时没有制作固定的框架，而是用了多个不同物件组合成内部临时框架，并在其上用橡皮泥和胶带暂时性固定。固定框架的优点有不易移动、整体牢固，缺点是费时；多种物件组合的临时框架优点为节省时间，缺点是操作更为复杂，容易变形，要达到相同的修复效果，对修复者自身技能要求会更高。从最终结果看，本次修复取得了良好的效果，此修复方法可对此类粉碎性文物器物的修复提供一个参考和借鉴。

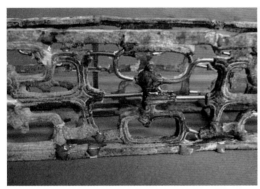
外部已拼接并补缺基体

侧面已拼接并补缺基体

已拼接完整并补缺基体

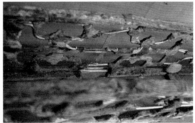
内壁已拼接并补缺基体

侧面打底刻纹饰

侧面内部在做色

拼接及修复中

案例 4 立体类有金属属性尊的拼接

西周早期青铜猪尊，山西省博物馆藏。2002年，山西省博物院送修一批青铜器于上海博物馆展出，此猪尊为其中一件。该尊出土于晋侯墓地113号墓为国宝级藏品，是目前发现商周时期仅有的三件猪形器之一。送修时，猪腹部及猪足部腐蚀严重，破损严重，头、足、尾部都有断裂。拼对后仍有部分缺失。

拼接方案·考虑到猪尊头部自身的重量，且向外伸出身体一段距离悬空着，所以，运用焊接和粘接相结合的方法完成拼接。

（1）清洗除锈后先做头部的粘接，把小块粘接成大块。

（2）再把粘接的头部与颈部焊接（视情况做局部点焊）。

（3）清洗处理焊接部位，再处理缝隙及其余部分。

西周青铜猪尊修复前后

案例 5　立体类无金属属性鬲的拼接

　　商中期鬲，上海博物馆藏。鬲腹部一侧受力内凹，腹部碎裂，破损变形严重，足部断落，导致无法在展厅陈列。针对此鬲的状况需解决整形、粘接、补缺等问题。

　　拼接方案·根据基体几乎无金属属性的特点，拼接方式只能选择粘接。

　　（1）预拼接后发现有变形，先对这些部分做整形处理。

　　（2）用铜皮打制基体缺损件，再做预拼接。

　　（3）对部分小片先粘接。

　　（4）再把用铜皮打制的基体缺损件和其他碎片一起与主体完成粘接。

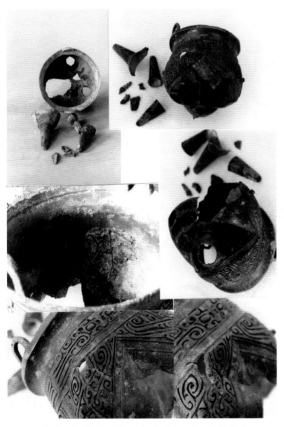

商中期鬲修复前和修复中（整形、粘接中）

商中期鬲修复后

案例 6 立体类无金属属性爵的拼接

商青铜爵，河南省文物考古研究所送修。胎壁极薄只有 1 毫米左右，整体腐蚀严重，破损严重。

拼接方案·因腐蚀严重，基体矿化已无金属属性，拼接只能选择粘接。

商青铜爵送修时　　　　　　　　　　　　商青铜爵去锈后

商青铜爵修复后

案例 7　立体类小支点断裂的拼接

　　春秋晚期透雕交龙纹铺，上海博物馆藏。送修时，铺表面有一层土锈，盖因受力有花瓣断开，盖上有长 23 厘米的裂缝从边缘向另一侧边缘延伸。有陈列需求要求修复。这件器物修复的主要难点是盖上花瓣的连接，因为花瓣薄，断开部分的连接接触面小，连接只能靠花瓣底部。花瓣同时向外展开悬空，只粘接的话，在展陈搬运时花瓣容易受损，再次断开造成二次损伤。最后决定运用打销钉的助接方式完成拼接。

　　拼接方案·清洗去锈后运用打销钉的助接方式拼接。由于花瓣壁薄，可打销孔位置有限，销钉没有选择铜丝，而是选用相应的细钢丝。钢丝的强度优于铜丝，在敏感的小空间中，使用同样粗细的钢丝可增加修复后的牢固强度。

春秋晚期透雕交龙纹铺送修时

做销钉插入销孔

春秋晚期透雕交龙纹铺修复后

案例 8　立体类引定扣固定助接

西周凤鸟纹卣盖，山西省考古所送修。这件卣盖 2009 年送修时破碎严重，大小碎片有 15 片。

西周凤鸟纹卣盖修复前

拼接方案·这件器物修复的难点是拼接。不同于无纹饰的器物拼接，满纹饰的拼接要求更高，要求严丝合缝不能有丝毫偏差。一丁点的偏差都会影响后期纹饰的雕刻和做色效果。为了确保其拼对时严丝合缝和拼接牢度，运用引定扣助接的方式。根据这件器物的基体属性可以焊接。各种连接技术在这件器上得到集中体现。

（1）首先在盖的边缘和器壁较厚处开凹槽，并用铜片制作与凹槽形状相应的引定扣。

（2）接着用引定扣插入凹槽，作为榫片，用于固定助焊，增加连接强度。

（3）在盖内部制作托模，便于拼对粘接时的支撑。

（4）依次完成其他碎片的拼接。

其他步骤：补缺（见 131 页）、做色做旧，完成修复。

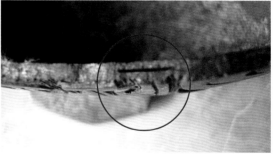

盖的边缘的截面开凹槽

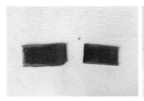

用铜片制作引定扣

用引定扣插入凹槽，作为榫片

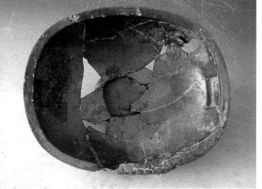

在盖内部制作托模

西周凤鸟纹卣盖
拼接完成后

案例9　立体类销钉助接

　　西周单父丁卣，陕西宝鸡石鼓山西周贵族墓地出土。石鼓山西周贵族墓发掘整理出大量精美的青铜器，其数量之多、器物之精美为世人瞩目。2014年，上海博物馆与陕西省诸家考古单位合作，并特地向美国大都会博物馆及天津博物馆借调部分青铜器，举办"周野鹿鸣——宝鸡石鼓山西周贵族墓出土青铜器展"，规格极高。应展览要求，此批出土青铜器中残损较严重的14件器物在上海博物馆进行修复，这件西周提梁单父丁卣就是其中之一。

红圈内是西周单父丁卣

石鼓山3号墓发掘现场俯视照

　　这件卣带盖，卣体呈扁圆形，提梁作纵向设置。器通高39厘米、口径12.4~15.5厘米、圈足径16~19.3厘米、重8.78千克。表面附着物较少，卣体可见薄层的绿色锈蚀和稀疏的红色锈蚀。盖有损坏，可见一处断裂片，其上边缘可见一条较长的贯穿性裂隙。整个提梁断成三截，分别在器身的耳内有一截、断耳内有一小截和中间单独的一大截。观察整个器物的各个部分，如口沿、圈足、提梁，包括近耳处兽面造型的提梁头、扉棱等处都很厚实。但颈部正好处于比较薄的部分，从断开的截面测量壁厚只有1.5毫米，断开的截面正好围绕耳的边缘，断裂边缘伴随有裂隙，显然因为壁薄，不"吃重"，断裂于这个受力点和支撑点处。提梁两端外侧装饰有夸张的兽头，体积硕大、实心、自重分量很重，观察提梁整体也为实心浇铸，拿在手里相当沉。

西周单父丁卣修复前

卣盖修复前

卣身颈部修复前

X X	红色锈蚀
△ △	蓝色锈蚀
⊗ ⊗	绿色锈蚀

卣身去锈前　　　　　　　　　　　卣身表面锈蚀状况图

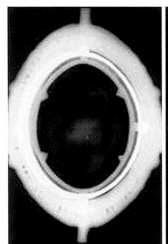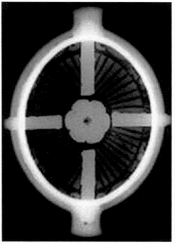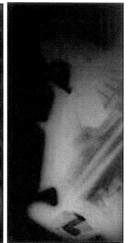

X 光片（卣底部、卣盖及钮、卣身扉棱、卣盖扉棱）

　　· 使用 XRD 荧光检测和 X 射线检测对器物各部分进行了检测分析。结果表明卣身与卣盖表面覆盖一层铜锈成分为碱式碳酸铜居多，未发现"青铜病"的粉状锈。卣底有多个铸造时用的垫片，扉棱为实心，盖耳有部分中空有内范。

　　拼接方案·对器物做整体的清洗和去锈后，依次解决三截提梁的拼接和断耳与器身的拼接。整器重 8.78 千克，因特展一定避免不了搬运，修复时要把器物的安全放在首位。器身上的耳是提梁的支点，也是受力点，提梁需提放且能来回活动于耳中，连接断裂的三截提梁要确保连接强度，提梁可以灵活转动并兼具提取功能。这些都对拼接牢度提出了高要求。

　　（1）打销钉助接提梁的拼接：由于提梁整体为实心浇铸，如果单使用环氧树脂粘接，强度不够、不安全，经比较后选择采用打销钉助接的办法来连接固定三截提梁，简而言之就是两边开洞，中间用销钉连接固定。先使用电动工具夹直柄麻花钻在两断提梁相连的截面位置上，分别向其内部钻上两两相应的小孔，孔深钻至 5～10 毫米，在销孔内绞丝牙，再注胶，把自制铜销钉旋转至有牙的销洞内（A）。使销钉完全固定在断的提梁截面上并与提梁基体紧密连接成为一体（B）。断截面上涂抹环氧树脂便于粘接，再把销钉直接插于另一段截面的销孔，之前已反复调试做好预拼接，这时只要微调就可使提梁表面的凤鸟纹纹饰完整合一。粘接后完成整个提梁的连接。

在销洞内绞丝牙   销钉已固定在提梁上

- 自制销钉：截取一段直径 4 毫米的铜丝，用圆板牙绞手对其进行绞牙，得到与销孔内径相应的牙丝。把圆板牙放置于圆板牙绞手内，用螺丝从侧面固定住圆板牙，再用台钳固定住绞手，并把铜丝伸入圆板牙的丝口内，用钳子不停地旋转，得到所需的有牙丝的铜丝。最后根据销孔深度截成小段，制成销钉。用台钻打断截面钻孔可增加操作时的稳定性。可用直径 3.5～4 毫米手用丝锥与丝锥绞手配套使用来绞丝，其目的是为了能使销钉完全固定于断截面上与基体连接更紧密，增加了摩擦而提升连接处的牢固度，从而进一步提升其牢固度与承受力。这样连接后就算搬运或拍照时直接提提梁，拼接牢度也可完全承受青铜卣自身的重量。

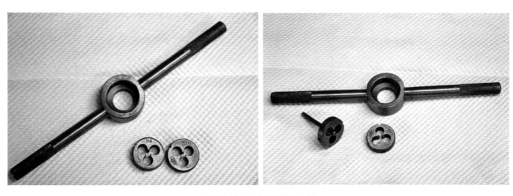

制作销钉所使用的工具

（2）断耳与器身的拼接：用点焊与粘接相结合的方法修复此处连接。焊接材料采用上海博物馆自主研发的低温无氯助焊剂以及耐腐银锡钎料。焊接完成后，用纯净水冲洗掉助焊剂，再反复数次清洗和浸泡焊接部位，待完全清洗干净残留物后，再从器内和器外，用高分子材料加填充材料涂抹于连接处。

（3）经过修复，本件西周单父丁卣在外观上符合展陈要求，修复强度满足展陈和搬运需要。

修复完成的西周单父丁卣

补充：因断耳处于"吃力"点，此处连接必须非常牢固。最初设想运用销钉增强牢度，但受到颈部截面壁厚的限制，又没有如此细的钻头可使用，只能选择焊接。由于此耳上附有一截可来回摆动的提梁，且提梁头上的兽头的体积和重量都明显要比耳大和重许多。耳于颈部位断开，断裂处有纹饰，考虑到如在外侧焊接会影响到纹饰，于是需从内部焊接。"全焊"虽然最为保险，但也受现有条件局限而放弃，局限有两点。一来，器内的空间有限，焊接工具无法伸入器内操作。二来，"全焊"需要在青铜基体上锉焊口，损伤基体太多。如果直接用黏结剂粘接的话，截面最薄处仅1.5毫米，就这点厚度的粘接，却要承受整个提梁的重量，非常不稳妥。在对文物自身状况分析和目前可采取的连接方法比较筛选后，在用全焊不可能进行的情况下，选择了点焊与粘接相结合的方法。

第五节
青铜器的补缺及案例

青铜器受埋藏环境的影响，大多器物都有不同程度的腐蚀，有的器物腐蚀严重，形成小面积残缺的空洞或大面积的缺损，需要修复人员在修复的过程中及时修补，以加强连接强度，防止进一步损坏，恢复其完整性。

补缺是青铜器修复工艺中的一种重要方法。素面（无青铜纹饰）的青铜器补缺相对简单，如运用钣金钳工工艺即可；如果缺损部位有青铜纹饰，还需要在补缺块上补配出相应的青铜纹饰，就会涉及錾刻、翻模、浇注等工艺。修复中的补缺可以说是复制青铜器的某一部分或某几部分缺失的配件，本书第四章青铜器制作是复制整体，补缺与复制本质都是复制，只是局部与整体的区别。本章内容可结合第四章一起学习。

一、补缺方法

补缺方法按照补缺件的材质不同可分为金属铜、铅锡合金、高分子材料补缺等；按照补缺工艺方法不同可分为钣金、铸造、镶嵌、3D 打印补缺等。这里举例常见的几种补缺方法。

1. 钣金钳工工艺补缺

钣金是一种金属加工工艺，针对金属薄板（通常 6 毫米以下）的一种综合冷加工工艺，使用各类剪子、锯、锉、锤、錾等工具对金属薄片进行剪、切、冲、敲打、折、拼接、铆接等方法塑型，其最显著的特征是补缺件与原件厚度相对比较一致。钣金工艺通常针对素面青铜器的补缺，或是对有纹饰青铜器补缺做补配基体时使用。通过钣金工艺加工金属薄板，再将成形的金属薄板焊接或粘接到金属文物残缺的部位，完成补缺。

用钣金钳工工艺修补壶身

2. 铸铜补缺

铸铜补缺修复难度和技术要求都是最高的，这也是最接近古董商制作赝品的商业修复方法。因为不仅所补配铸件的青铜成分比例是由原器物检测后的含量结果而定，包括之后对所铸配件的做色做旧方法也是运用化学方法来浸泡，补铸青铜件的地子和锈层的做色做旧过程是模仿加速青铜氧化腐蚀的过程，修复时间长，修复后最接近原器的样貌。一般此法针对高端艺术精品或高级别藏品的修复。这部分内容可以详见第四章青铜器的制作技术。

上海博物馆修复团队目前使用石膏精密铸造技术完成铸铜补缺，其工艺流程：

①制作石膏原型；　　　　　　　　②翻制石膏模具；

③浇出蜡样；　　　　　　　　　　④再修整雕刻蜡样；

⑤在蜡样上涂抹耐高温硅砂，等干燥硬化壳型之后再将内部的蜡模融化掉，这个步骤称为脱蜡，从而可以获得有足够强度的型腔；

⑥再往型腔里面浇铸所需要的金属液体；

⑦等到冷却之后脱壳清沙，打磨冷加工，从而获得高精度的成品。

3. 低温用锡铸型补配

低温用锡铸型补配方法是在器物相应完整的部位翻取一套模型，干后将模型预热，用铅锡合金溶液铸出所需补配件，然后将配件准确地补配到器物残缺的部位上，接口处修补完整。铅锡的比例可参照有关"青铜器修复复制中低熔点金属与化学镀铜的应用"中锡、铅、锌的配搭，灵活应用。此方法较铸铜操作更加方便、灵活，金属质地效果又比高分子材料更好，但是不适用铜质矿化严重、器壁薄、机械强度低的器物。

4. 高分子材料补缺

高分子材料补缺是目前使用最多的补缺方法。补配时使用高分子环氧树脂材料添加不同的填充材料调和后形成的混合物补缺，有时为了增加强度，用铜片作为基体在其上加环氧树脂与其他填充材料的混合，成为两种复合材料的混合补缺。对于青铜器上精细而微小的洞或裂缝，可用环氧树脂调铜粉直接填补。而用环氧树脂补配做大面积的缺损时，就必须用厚度适宜的铜皮、纤维布等做基体，以增强韧性，如有纹饰，最后再做雕刻。

常用材料有：

· 环氧树脂 AAA 胶，它的优点是：常温操作，方便安全，性质坚硬，黏结力强，抗老化性能强。它可与石膏、油泥、打样胶和硅橡胶等材料相互使用制作模具。对复制补件灌注时，不需将模具加热，只需涂上隔离剂即可，既方便又简单。

· 速成铜胶棒、铜增强环氧腻子，可快速修复铜、黄铜、青铜和其他有色金属器物。混合后它们形成的化合物是非常坚韧和耐用的，并具有非凡的附着力。60 分钟后，可以进行钻孔、锯切、打磨和涂漆。

环氧树脂 AAA 胶

速成铜胶棒、铜增强环氧腻子

两种材料揉捏混合使用

高分子材料补缺优点是安全、效果好、速度快。如上海博物馆藏的战国鼎破损且缺一足，缺足的补缺方法是先用硅胶翻模在其外制作石膏托模，再用高分子材料做补缺材料，复制缺失一足。

上海博物馆藏战国鼎送修时状况

用硅胶翻模在其外制作石膏托模　　　　　　用高分子材料复制一足

5. 3D 打印补配

3D 打印是一种以数字模型文件为基础，运用粉末状金属或塑料等可黏合材料，通过逐层打印的方式来构造物体的技术。由采集立体数据的三维扫描技术和负责数据输出的三维打印技术两部分组成。二维立体扫描就是测量实物表面的三维坐标点集，得到的大量坐标点的集合称为点云（Point Cloud）。三维扫描仪俗称抄数机。第 1 代的特点是逐点扫描，第 2 代是逐线扫描，第 3 代的是面扫描。三维光学扫描仪按照其原理分为两类，一种是"激光式"，一种是"照相式"，两者都是非接触式，均不需要与被测物体接触。扫描生成的数字模型可以直接通过建模软件进行数字化虚拟的修复建模，使其在数字化状态下输出，降低了产品开发成本。

3D 打印不是传统雕刻的做减法，而是逆向做加法的工程，快速成型、质量控制，甚至可实现直接加工，常在模具制造、工业设计等领域被用于制造模型。该技术在文物修复领域也有所应用，已从原先单一的树脂材料发展为多种复合材质的打印输出，能在一定程度上适应多种材质文物的补缺需求，使修复步骤减少，降低难度从而提高修复效率。经实际操作，目前的打印水准对素面器物或一般精度的纹饰打印效果佳，对超精细青铜器的纹饰修复还有待进一步提高精度。3D 打印在修复的同时也将修复过程与步骤进行了数字化记录与储存，为日后研究工作提供了准确的数据。

二、补缺中的"画"和"刻"

补配带纹饰的补缺件，操作者需具备过硬的综合素质。既要有绘画、雕塑基础，对青铜文化有深刻理解，对各时代青铜器上的青铜纹饰的特点有深入研究，又能掌握钳工、锻工、钣金、铸造、焊接、錾刻等多种技术，具备长期刻苦钻研的精神，其操作过程复杂、技术难度大、涉及面广、要求高、费时费工，使许多学习者望而却步。又因目前修复理念的改变，陈列修复、考古修复成为博物馆修复的主流，高精美度的修复需求减少，更使这种技艺涉及面逐步缩小。然而，对于一件精美青铜艺术品而言，缺损部件纹饰雕刻的精美与否在视觉方面起到关键性的影响。

1. 基本功—"画"青铜纹饰

青铜器纹饰是指青铜器表面的纹样与装饰，是当时手工艺水平、铸造技术、科技能力、历史文化、社会形态、宗教信仰等的集中体现，也是中国美术发展史非常重要的组成部分。绘制青铜器纹饰需要掌握纹饰变化的规律与特性，从而在修复与保护中得以准确的融会贯通，是提高鉴定与修复能力的必修课程。画得好才可能刻得好。画花纹首先要解读原文物纹饰的特点，如商周青铜器的回纹，回纹是阴宽阳窄，弯角的地方不是90°直角弯，横、竖也不一定是笔直呆一的，得根据周边纹饰的不同而变化。"画"不单单是画稿子，要研究原器物上的纹饰大小关系和排列方式，特别是青铜器上细小的花纹看似随意、流畅，排列有其规律性，底花纹与主纹之间的关系很有讲究，需花时间揣摩、领会、理解青铜纹饰的文化内涵。这需要修复人员在修复过程中不断观察摸索。

2. 基本功—"刻"青铜纹饰

掌握"刻"花，学会雕刻花纹也就是将青铜器平面图案转化为立体纹饰并完整地呈现出来，这是传统青铜器修复与复制过程中不可或缺的环节。纹饰的雕刻优劣直接影响到修复效果，反映了修复师对纹饰的理解与錾刻技能掌握的程度，也是传统青铜器修复与复制技艺特色的集中体现之一。

錾刻材料与工具：

· 胶板：用来固定錾刻材料。

· 制备板料：无论是金银还是铜（锡）板，传统操作中，都是把碎料装入坩埚，熔化中去除杂质铸为坨锭，而后反复过火，用锤捶打成为合适的板料。錾活用的板料薄厚，依需要的大小而确定，最常用的厚度是在0.5～2毫米。过厚的板材使用锤打成形有困难，太薄则容易錾漏。

· 錾刻用锤：包括铆锤、大锤、小锤、素锤、光片锤、钢锤、铜锤、錾锤、打锤等，錾刻对锤子的要求不是很高，但顺手的锤子可以省时更省力。有的需自制，如錾子的錾头形状会按纹饰样貌特制。不同的錾子起到不同的作用，錾子就像用绘画中的一支支的画笔，在金属上"妙笔生花"。传统錾刻所使用的錾子较多，一般用钢制作，有弯

勾錾、直口錾、勾錾、抢錾、开模錾、采錾、脱錾、挂线錾，还有只用于錾刻眼睛的
套眼錾和点錾等。

· 錾子的使用技法有勾、落、串、台、采、丝、戗等。

錾刻青铜纹饰

3. "刻"的注意事项

修复材质不同决定了"刻"时手法、力度等都有不同，这些都需要修复师在长期实践
中不断地摸索总结。

▪ 锡片刻花

通常情况下，石膏刻花完成后翻模铸锡，铸出来的花纹不会特别清楚，且翻模时经常
出现气泡等孔洞，花纹上就会出现一个个小疙瘩，这时就需要把花纹雕刻清晰。先把用锡铸
出来的补缺块与原器物缺损部分的造型完全拼对上，然后取下放在胶板上，刻锡时，由于锡
比较软，所以手要轻，不要使劲錾，这样容易越錾越深。一道花纹正常需要几次才能刻出来
需要的深度，一点一点錾。

▪ 铜片刻花

铜片刻花与锡片类似，只是铜片硬度比锡片更大，更难以掌握，需要像石刻膏花纹那
样，先画花纹再刻，需要比刻锡片更熟练的手法。红铜的花纹雕刻会发黏，易起铜刺，进展
很慢，混合铜铸补缺块比较容易雕刻，不起铜刺。刻铜花纹可事先用与原文物相同厚度的
铜片，在缺失的部分补上四边缝隙，越小越好，然后贴在文物上，画出纹饰后取下，把铜
片贴在胶板上，固定，接下来就是刻。先用勾錾在画好的花纹上开凿，一定要一层一层刻，
不要一次刻的太深。握錾子时不能握得太紧，这样遇到拐弯的花纹才能顺利弯过来，这样刻
的纹饰才自然。

石膏刻花

石膏雕刻纹饰与金属錾刻纹饰同理。由于铜材质偏硬，錾刻时若有丁点错误，容易造成之前费劲制作完成的补配件的浪费。因此后来慢慢更多使用石膏雕刻后翻模制蜡并浇铸铜液的熔模铸造方法完成补缺。由于青铜器的造型独特，纹饰有大的立体高浮雕造型和精细的平面雕刻造型，所以雕刻石膏时也分为平面刻花与立体刻花。对需要雕刻的石膏部分可先用水浸湿，这样更便于剔除。刻花时要注意力度的控制，花纹由浅入深，一开始不宜过深，便于第二遍时修改。这些都需要修复师在长期实践中不断地摸索。

石膏补缺后雕刻的纹饰

对已刻的模翻制外范再精雕细部

石膏尊上雕刻的纹饰

树脂类高分子材料刻花

针对高分子环氧树脂与不同填充材料调和后形成的混合材料补缺配件的雕刻，要根据材料和器物纹饰的不同特点自制不同形状刀头的雕刻刀，如选用"48型号"的钢材、钨钢或市面上能买到的白钢条自制，将刀头磨制成所需形状。还有以底纹上回纹的宽度为依据自制雕刻刀，还可直接用微型打磨机的不同钻头来雕刻纹饰。刻花时还需注意补配件与原件拼接处接口位纹样的连续贯通。

高分子材料补缺的刻花

　　将雕塑中的翻模技术改良后运用于文物修复中，通过翻模使得细小繁缛纹饰的补配比原来传统的铸铜后錾刻相对简单快捷，且补配的纹饰更逼真。改良后方法：选择一块纹饰清晰、腐蚀面积小的部分，用石膏或硅橡胶、打样膏等材料翻制模具，然后用环氧树脂等高分子材料加填充材料翻制，得到相应的补缺件，修整后与原器物粘合、拼接，补缺片与周边的纹饰有出入的地方，再对树脂材料精细雕刻。

三、补缺案例

案例 1 素面大面积缺损的铜皮补缺

　　上海博物馆藏商代青铜觚，大面积缺损处为觚的颈口位，呈开口喇叭形。

　　补缺方案·补配件可选厚度比器壁稍薄的铜皮，直接用铁皮剪对铜皮剪数道口子，使其开叉，就可呈现喇叭形。如缺损处需收敛的内弧造型，也可直接用铁皮剪剪出多个三角形口子，三角形口子的角度根据内弧造型而变化。直接选铜皮可省去了锻打的工序，不但没有影响修复后的效果，而且提高了工作效率。切割铜皮完成对基体的造型裁剪后，在铜皮表面及与器物连接的缝隙，用环氧树脂添加填充材料调和的混合物填补缝隙。

修复前　　　　　　　　　　　修复中　　　　　　　　　　　修复后

商代青铜觚

案例 2 有金属属性的补缺

唐代青铜钵，上海博物馆藏。青铜钵不仅是古代生活中的实用器物，也是宗教仪式中的重要法器，尤其在佛教中，僧人手持的佛钵是化缘时的重要工具。该青铜钵圆腹、深钵、平底，口沿呈微敛口，在器身与平底的转折处和口沿附近的内外两侧分别都饰有数周旋纹。整体器壁厚度在 1～1.5 毫米，口沿有一圈加厚层，厚约 3 毫米。器身局部受力后有破损并伴有变形，变形的落差最高达 2 毫米以上。要求整形补缺后恢复原形及色彩样貌，用于陈列。

补缺方案·器壁薄，有一定金属属性，可借外力恢复变形位。运用钣金工艺加工金属薄板对缺损处补配，采用焊接的方式点焊连接；其余裂缝用高分子化合物粘接。

补缺部位打磨修整、雕刻，做色做旧后，完成修复。

唐青铜钵修复前

讨论制定方案

1·整形后用电焊烙铁对关键部分用低温锡焊点焊连接

2·钣金工艺加工金属薄板

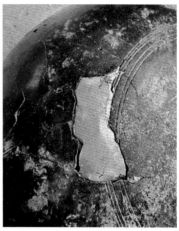

3·低温锡焊连接制作的金属薄板

4·完成所有缺损处的补配和焊接

5·调和环氧树脂的AB胶与滑石粉的混合物，在混合物中加相应的色粉，继续调和

6·在补缺和缝隙处涂抹环氧树脂混合物，用刮刀刮至相应的厚度

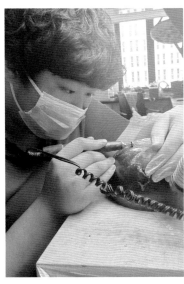
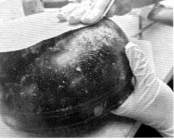

7 · 打磨修整，完成整体补缺　　　　　　　8 · 根据原器物造型，在补缺处雕刻纹样

9 · 对补缺部位做色做旧，完成全部修复

唐青铜钵修复中

唐青铜钵修复后

案例 3 高分子材料翻模镶嵌补缺

　　春秋晚期变形龙纹盉，上海博物馆藏。器物腐蚀矿化严重，器表及纹饰的氧化层多处缺失，底部明显见缺失的脱胎层，影响展陈效果，要求对缺损的氧化层填补完整。此器修复后，一直陈列于上海博物馆的中国古代青铜器馆，现陈列于上海博物馆东馆。

　　补缺方案·把镶嵌工艺运用到修复工作中，运用高分子树脂材料，通过翻模、复制、雕刻等方法，解决对纹饰精美的脱胎型青铜器的修复。补缺件打薄后嵌入至缺失位，完成补缺。

春秋晚期变形龙纹盉修复前

春秋晚期变形龙纹盉修复后

案例 4 高分子材料翻模镶嵌二次修复

商代晚期兽面纹簋，上海博物馆藏。这件簋，器形中等，直径 24 厘米，高 19 厘米，纹饰相当精美，是典型的殷墟三层纹饰，即底纹（细纹）、大纹饰（浮雕）、大纹饰上的阴刻纹。簋身纹饰分上中下（颈、腹、圈足）各有一层，中间腹部是兽面纹，上下两层为龙纹。兽面纹为外卷角兽面纹展体式，以出脊为中心左右对称。胎体无金属质感，为脱胎器。基体内的铜质已经氧化为黑色。此器先前修复过，因修复部分的颈、腹的兽面纹纹饰模糊不清，修复效果不理想，要求重新修复。修复后现陈列于上海博物馆东馆的中国古代青铜馆。

上海博物馆藏商兽面纹簋二次修复前

补缺方案·移除前一次修复物时发现之前修复物为铜质网基体，于是决定保留铜质网基体，只把纹饰上的混合物从器物上慢慢剔除干净，清洗后重新做高分子材料配缺，再镶嵌入器物上。这样既可使破损的文物修复完整，提高其研究价值、艺术价值，又减少拆解基体时对文物的二次损伤，从而更好地保护文物。

（1）去除原修补物：先进行试点。先尝试用白钢刀刻凿发现有树脂，于是利用环氧树脂遇热变形熔化的特点用电烙铁剔除以前修复过的纹饰部分。剔除效果不太明显，后用打磨机换各种工作头尝试，发现表面的环氧树脂中加入了少量金属粉末导致电烙铁剔除困难。基体内层更难以去除，仔细观察后发现用了两层金属网丝作为基体内衬，其上环氧树脂加入了水泥和金属粉末作为填充剂，所以器壁非常坚固。

剔除修复过的部位　　　　　　　　　　　　　　去除原修补物

根据试点的情况决定采用局部挖取的办法。挖取表面相对不那么坚硬的环氧树脂，保留坚固的基体。用打磨机整片去除，尽可能深挖靠近基体，边缘部分更换合适的工作头。其间结合使用电烙铁对局部及边缘小心翼翼做深挖去除。

（2）制作配缺件：首先是翻模。经过清洗处理后，纹饰呈现清晰。在器物上选定要翻的纹饰，在周围用陶泥围成一圈，用硅胶（RTV664）按 $100:3 \sim 100:6$ 的比例调和，通过抽真空减少气泡，倒入圈定的范围内，等固化后在外面用石膏做个托模，这样做成一个组合的模具。

用 AAA 超能胶按 $1:1$ 的比例调和，加入矿物质颜色粉、石膏粉和金属粉末，共同搅拌调成较厚的填充物涂于模具内，抽真空，固化后取出。这样反复几次，制作好几片复制件以备用。

（3）比对，预拼接补配件：把配件实样与器物反复拼接比对后，在打薄和切割补配件的同时，要考虑到粘接后厚薄是否得当、接口处纹饰是否流畅。纹饰拼接后不能完全吻合的地方要预留一部分空间可使花纹过渡衔接。为了让纹饰尽可能流畅，把复制件断开，断口位开在纹饰不受影响的小兽头处。最后，按照挖取的范围大小、厚度小心翼翼地裁剪切割出形状相一致的补配件。

（4）镶嵌补配件：把补配件镶嵌至调整后的合适位置，用环氧树脂黏结剂粘接。补配件的主体有一定的厚度，如柔软性不够，可加热后微调。

比对预拼接补配件

镶嵌补配件

· 这里用德国产的 UHU 混合型黏接剂（此黏结剂为双组分环氧树脂）按 1：1 的比例混合同时加入矿物质颜色粉让其快速黏合，空隙处用 AAA 超能胶按 1：1 的比例调和后加入矿物质颜色粉和石膏粉搅拌调成较厚的填充物填充，提高其牢度。环氧树脂黏结剂在国内文物修复工作的应用和发展源于它的可逆性。随着时间的推移和科技的进步，一旦有先进的材料问世，就将现存的黏结剂剥离，用更好的粘接材料代替旧材料。

（5）打底刻花纹：首先根据多加少补的原则把接口处的底子打平，用细砂纸由粗到细按需打磨平整。接下来，在其上运用自制的白钢刀把花纹连贯起来。这并非易事，纹饰连贯不自然，颜色再准也不会有完美的陈列效果。先画好纹饰再用白钢刀雕刻，由浅至深，由细到粗，在反复比较中进行。

做色做旧后，清晰自然的纹饰取代了原本模糊不清的修复部分，达到了理想的预期修复效果。

商晚期兽面纹簋修复后

案例 5 高分子材料翻模补缺

西周乳钉纹鼎，宝鸡青铜博物馆送修。此青铜器是"周野鹿鸣—宝鸡石鼓山西周贵族墓出土青铜器展"的 14 件修复展品之一。该铜鼎大约有 1/3 区域残缺不全，同时伴随有变形现象。该铜鼎敛口、方唇、窄折沿、立耳、鼓腹、圆底、三柱足。沿下纹饰为 3 组两两相对的鸟纹，各组正中以扉棱作鼻，两侧饰头部相对的夔龙纹两个，以云雷纹作底。腹部饰斜方格乳钉纹。乳钉表面圆钝，器表微凸，柱足光素无纹。对器物各部位进行了检测分析，器身表面覆盖一层铜锈成分为碱式碳酸铜居多，未发现"青铜病"的粉状锈。足部中空有内范。

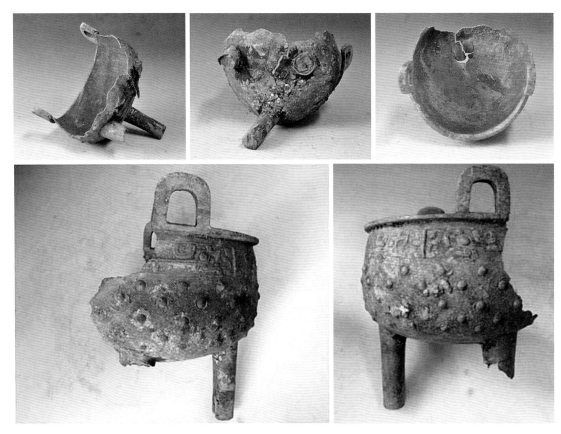

西周乳钉纹鼎修复前

补缺方案·清洗、除锈、整形，为补缺做准备；使用硅橡胶、石膏等对残缺处进行翻制模具，制得相应的缺损配件，对其进行打磨修形，用环氧树脂将补配件粘接于器物之上；

连接处纹饰使用刻刀雕刻、修整。

（1）清洗除锈：用去离子水和刷子对器物做清洗，对过分掩盖住纹饰的表面锈蚀物做化学除锈，超声波洁牙机处理特殊部位，去除难看的土、杂锈层，留下颜色亮丽的蓝、绿色无害锈。

（2）整形：根据器物变形的状况，选择使用"C""F"形夹，将变形处夹于之中，微微调整距离，逐渐对变形部分施压。

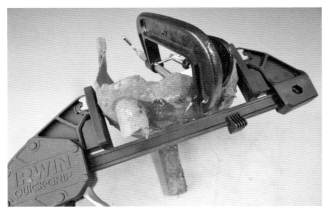

整形

（3）翻模、打磨、拼对：足部、器身翻模。由于缺损面积大，一次翻得的补缺件无法与器身直接连接，要经过多次翻模，多制得几个模具。且器物有变形，翻出的配件与器身弧度有差距，可通过热风枪改变补配件的弧度，不断调整边缘，使之与器身能衔接。经过反复多次的打磨、修形、填补、比对，最终得到适配的补缺配件。

（4）粘接配件：粘接器身、足部配件，在粘接的过程中模型弧度稍与器物不吻合时，同样使用热风枪加热，塑造弧度，调整，直至粘接契合。

高分子材料翻模

拼对、粘接

（5）补刻纹饰：后续针对粘接的配件与器身纹饰连接处，修整、雕刻纹饰，使器身整体纹饰完全自然融合。

最后做色做旧，完成修复。

西周乳钉纹鼎修复后

案例 6 复合材料补缺

西周凤鸟纹卣盖，山西省考古所送修。2009年这件卣盖送修时破碎严重，大小碎片有15片，拼接后（拼接修复见106页）有缺损需补缺修复。

补缺方案·拼接后用铜皮作为基体（钣金钳工工艺），其上涂抹高分子材料的混合物固化后，补缺部分绘制并雕刻纹饰。对所有拼对连接处的纹饰做勾勒贯通处理。

最后做色做旧完成修复。

拼接后补缺前

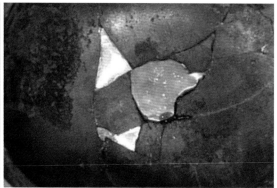

用铜片做基体

高分子材料混合物填补缝隙　　　　　　　　雕刻纹饰

西周凤鸟纹卣盖完全修复后

案例 7　铸铜方法补缺

　　商晚期青铜觥，上海博物馆藏，这是一件在20世纪50年代大炼钢铁时从废品收购站抢救回的重要文物。此器残损严重，无盖，觥身损失部分近一半，口沿尾部及鋬整个损失。觥存世量较少，非常珍贵，而且这件文物纹饰相当精美，皮壳也相当完整，铸铜方式补缺是最佳选择。

　　补缺方案·通过对器型的理解在缺损位塑泥形，对泥形翻模后得到所需石膏件。然后在石膏胎件上画纹饰、雕刻纹饰，再运用传统修复工艺翻模、制蜡、修蜡。通过光谱仪的XRF分析技术检测文物青铜成分，按检测比例配制铜液，浇注，修整完成补配件。用化学方法对补配件的表面做氧化处理。之后把补配件与原器拼接，并对拼接处用手工做色做旧得到修复后的样貌。目前修复只完成了90%，还有部分造型和纹饰因缺乏可靠资料作为依据暂时搁置。

修复前　　　　　　　　　　　修复完成90%

商晚期青铜觥

　　该觥最后一部分的补配，参见本书182～183页，可尝试用3D打印和数控机床雕刻法完成。

　　补充：这件青铜纹饰非常精细，特别是底纹的雕刻不是一次就能精准完成，会经过反复修改，刻错的地方就需填补石膏，待干后再雕刻，第二次补的石膏与第一次补的石膏硬度不同，连贯时雕刻手感不同，要特别注意。

绘制补缺部分的纹饰图

配石膏补件

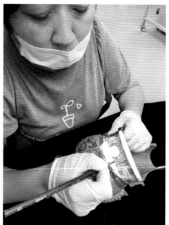

绘纹饰于石膏补件上

雕刻纹饰

添加石膏浆料修改石膏雕刻错误处

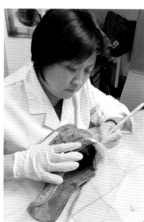

连贯纹饰

修蜡型

浇注、修整完成的补配件

案例 8　3D 打印补缺

　　春秋青铜鼎，南京考古研究院送修。出土于夏家塘土墩墓。从表面观察，该鼎保存现状差，鼎身胎体轻薄，金属属性退化，通体锈蚀，通高约 5 厘米、口径 14.1 厘米、二耳和三足都残缺，由于鼎足断裂，使得鼎腹与墓室底部石板锈蚀粘连，鼎身开裂挤压变形，鼎腹内有大量泥土填充结块。

出土后送修时　　　　　　　　　　　　　　修复后

夏家塘土墩墓出土的春秋青铜鼎

　　补缺方案·因基体金属属性退化严重，表面基本都已矿化，所以整形时需温柔以待，逐步加温的同时采用夹具来施力，观察有复原情况立即用夹具固定。由于缺损部分大面积为无纹饰，只有一小点纹饰，运用 3D 打印技术完全能达到补配要求。而且模拟建模，翻制模型，制作补配件更便捷，所以决定用 3D 扫描打印的方法来配缺修复。

　　（1）清洗去锈：先软化并清理板结的土块，锈蚀则视不同锈层的坚硬程度和视觉美感区别对待，对于较硬的锈使用三棱刮刀、超声波洁牙仪器或小型打磨机，去除红褐色锈蚀和表面难看的硬结物，尽可能保留绿色和蓝色的锈蚀。清洗后用软毛笔蘸取纯净水轻轻洗涮。

（2）作缓蚀处理：通常采用苯骈三氮唑（BTA）进行缓蚀处理。对铜的缓蚀处理是为了加强稳定效果，将其浸入三氮唑缓蚀剂的乙醇溶液中，在通风柜内60℃恒温浸泡8小时左右进行钝化处理，最后将器物取出用棉花蘸乙醇将表面多余的BTA结晶擦掉。

（3）整形：发现器身有变形，但在外力的作用下残断处可以连接上，使用小型夹具进行固定与矫形。如用"C""F"形等夹具对器物做外压内撑的前期预整形。对口沿和腹部变形的裂缝进行矫形。

（4）3D打印补配件：用照相式三维光学扫描技术对青铜鼎做三维扫描，以所得模型数据为基础创建缺损件的模型。首先，对无变形的耳和足建模，根据鼎口沿两耳处的遗留痕迹为依据创建鼎耳模型；同理，根据鼎腹的残缺位形状创建足的模型；对有变形的腹部建模，根据鼎腹部缺损位边缘的弧度创建相应的虚拟模型。把创建的补配件模型与原件进行拼接组装模拟。3D打印补配件，白色打印材料为ABS（丙烯腈-苯乙烯-丁二烯共聚物）塑料线材。

（5）粘接、打磨：参照断面形状、边缘弧度、纹饰，先把大概区域规划出来，然后，经过反复对比、切割、打磨，使之与器物成为一体。最后把成型的配件粘接于器物之上，使用环氧树脂填补缝隙。使用微型钻将边缘粘接时多余的环氧树脂去除，使与边缘弧度贴合，然后使用小型打磨机和粗细不同的砂纸打磨。

手工做色做旧后，得到修复后的样貌。

鼎腹内有大量泥土和填充结块被清理　　　　　　　　鼎底部清理下来的大块石板结块

清理过程

基本清理完成的青铜鼎　　　　　　　　　　　去锈后

用夹具整形（黑圈白色点为 3D 打印时的扫描确定用的贴纸）

对已复原处用胶带贴服后再用夹具固定

整形过程

对青铜器进行三维扫描

扫描后所得模型数据

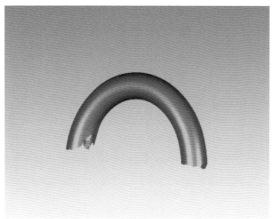

创建耳模型　　　　　　　　　　　　　　创建足模型

创建整形后与口沿处相适应的模型

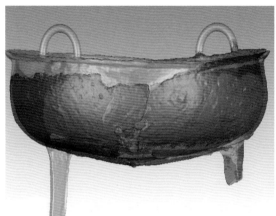
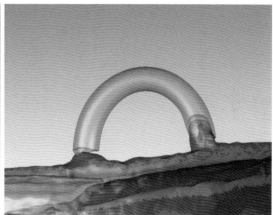

模拟组装各补配件

3D 打印补配件

粘接补配件

第六节
青铜器的做色做旧及案例

做色做旧是整个青铜器修复过程中的最后一步，目的是使补缺部位及拼接处与原器物颜色衔接自然，整体和谐统一，是影响青铜器修复后陈列美观效果的重要一环。这是一项技术要求较高的工序，是美术与化学的综合学科。"色"除了美学所指的色彩以外，还要追求青铜器的质感，质感包括物体表面的粗糙度、光泽度、莹润度、通透感等。为了使修复件更接近青铜器的原貌，首先要对青铜器表面氧化层和锈蚀做深入的研究分析，理解其形成的原因，分析各种底子的特点及出现时代，从而更好地模仿原器物表面的色彩、质感、氧化层的层次关系，让修补处不仅能达到"色似"，而且能与青铜器原表面融为一体，达到"神似"。

研究分析青铜器物表面锈蚀生成的机理，把青铜器的做色做旧分为两部分，分别为对地（底）子的整体全色（做色）和对锈蚀层的局部全色（做旧）两个部分；做旧中又包括局部做锈和最后的整体色彩协调处理，模仿器物旧的沧桑感。也可概括为先做地（底）子，然后在其上做锈层，最后做整体色彩的协调处理。

青铜器做色分为手工和化学两种做色方法。手工做色适用于拼接处表面、补配件表面等一切需做色的器物，化学做色仅适用于补配件的表面。本章节主要讲手工做色。青铜器修复中补配件如采用铸铜的方式制作，那其化学做色方法与复制整件青铜器的化学做色方法相同，因此有关化学做色可详见第四章。

一、古铜器的地子及做地子的方法

1. 认识古铜器的地（底）子

一般把商代至唐代的铜器称为古代铜器。在前面"识锈"观察青铜器的锈层关系中提到（056页），第一层也是最贴近青铜器基体的那一层就是地子层。将基体表面较为平滑并带有一定光泽的表面称为"地子""皮壳"，作为修复中全色步骤中需要保留和参照的表面状况。此类均匀分布于表面的致密层虽然也来自腐蚀，但不影响青铜器的可读性，且化学性质稳定，对于青铜器有一定的保护作用。由于古代铸造技术不同，铜质含量成分不同，埋葬自然环境的温湿度不同，特别是各种土质如黄土坑、黑土坑、红土坑、白土坑、沙土坑、石沙坑等，使得青铜器长久腐蚀得到的氧化层颜色非常丰富，呈现形式多样。

绿漆古地（西周早期斿父癸壶）

绿漆古地

绿漆古地是铜器绿锈生成之后，由于水文地质条件变化或者墓葬、窖藏常年浸水，器物表面的浮锈自然脱落，却因时间久远，绿色牢牢地浸染在器物表层上形成的，好像罩了层薄薄的绿漆，入土的地方多是白土地和沙土地。大多数锈薄，不发，锈片分明而且漂亮，锈色为蓝绿，各色又可以分为深浅多种。标准的绿漆古地似玉石绿地，柔润自然。其中，浅绿色的"皮壳"与皮蛋颜色相似，俗称"皮蛋壳"。

"皮蛋壳"地

黑漆古地

黑漆古地形成的原理与绿漆古地相似，主要是取决于埋藏地水质和土壤的酸碱度等，也

黑漆古地（铜镜）

黑漆古地（西周师虎簋）

有器物长期传世形成的自然"包浆"，也有青铜器本身合金成分差异造成的。一般来说，器物出土时黑亮如墨，表面几乎没有绿锈者，多为春秋、战国、两汉时期，而且战国、西汉的情况更加普遍，其中约90%属于战国时期铸造。红、蓝色锈斑大多也出现在晚期青铜器上，尤以汉代突出，这类铜器内含锡铅，硬度高，杂质混入铁等成分。碴口内外发黑，好似烤黑漆的光亮。

接近白漆古地（西周早期亚𩵀罍）

黄漆古浅绿灰色地（商晚期乳钉雷纹瓶）

白漆古地

白漆古地一般为白亮地，鸡骨色，而且套有黄色、黑色及浅红色地子，但白色占主要成分。此种地子发锈不多，即使有，也发呈小小的鼓包而有裂纹，外皮多似红绿色。白、绿漆古地多见于商代铜器，铸造、纹饰、铭文都异常精细。

黄漆古浅绿灰色地

这类铜器锈发得少，锈片颜色有深浅蓝、绿、红、白、黄、碱、铁、土等二十余种。锈片较坚硬，地子不是很亮，被震掉锈后的皮壳呈枣皮红地。

灰黑地

这类铜器中紫铜和铅占的成分较重，铜器的碴口多呈黄白色或红色，铜质较软，时代跨度较大，大多数是西周、春秋、战国时期以及汉代铜器。有的有发锈、有的无发锈。有发锈的多为西周铜器，发锈的形状凹凸不平、锈片少、地子多，总之，发锈不严重。锈色多为深浅绿、黑、红、蓝色，不漂亮，其中黑、黄、土色为多。西周铜器的胎较厚，春秋战国和汉代的铜器胎薄且工精。

灰黑地铜镜　　　　　　　　　　　灰黑地匜

■ 白黄绿地

这类铜器碴口呈白黄色，多数出土在中原地区。铜器锈片呈白黄绿色，比较漂亮。地子多为浅绿色，其中又含白色，所以也称白漆古地套黄地又套绿地；也有含微红黑色地子，实际上是花地子。这类铜器上常有自发的小疙瘩，基体也有所凸出，这类最好不要除掉，如果把疙瘩除掉会呈红砖色，更不好看。

■ 枣皮红地

枣皮红地铜器碴口呈黄白色，锈色为蓝、绿、红、黄、黑、白、碱、土，多为薄锈片，有的锈呈有裂纹的鼓包。枣皮红地铜器出土时多为黄红地，夹杂着小片的白灰地，被多种锈色包裹，地子露出的很少。这类铜器多为商代和周代初期，用小锤轻轻地敲震锈，锈片脱落后才露出枣皮红地子或黄色地子。

白黄绿地　　　　　　　　　去除锈蚀物后呈现的枣皮红地

■ 黄红绿地

锉磋口呈白黄色，多为西周、春秋、战国时期器物，多出土于中原的黄土沙坑地带。锈色多为深浅的蓝绿色。

黄红绿地

■ 水银沁地

水银沁地也是一种青铜器的自然"包浆"现象，有局部的，也有通体银白的，磋口脆硬且白，多见于铜镜，主要为战国到汉唐时期制品，其中又以战国为多见，大多出土于中原地区。商、西周的铜器有水银沁地多为星星点点，常有发的很高的锈，形成鼓包裂缝，外部花纹甚至铭文都发高，如果挖去内部会凹陷成坑，露出红砖色且有小的亮星，没有铜属性，所以不去除。春秋至唐代的铜器上发锈不多，这个时期的铜镜多呈标准的水银沁地。水银沁地镜子一般含锡量较高，因此硬度高不易腐蚀却易碎，破碎后的磋口整齐，犹如玻璃磋口。铜镜表面是一层富锡，由于自然氧化，镜面形成了二氧化锡的透明薄膜，像镀了一层铬。

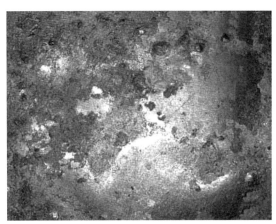

水银沁地局部放大
（未被锈蚀的地方呈现银白色光洁表面）

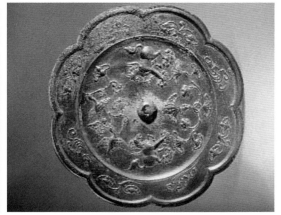

水银沁地的古铜镜

■ 泛金地

泛金地又叫泛铜地，好似鎏金。泛金地与水银沁地情况相仿，并非器物铸造之时镀了银或者黄金，而是青铜器在特定的土壤环境中形成的特殊氧化层，旧时也称"返金"或者"返铜"。泛金地通常出现在刚刚铸造完成尚没有使用过就入土的青铜器上。泛金地上发锈、红锈少，多为深浅绿、蓝、黑、黄土、白锈，有的整器全是金地，大部分泛金地的铜性很好。

泛金地   泛金地（战国早期几何纹盥缶）

- 黑灰红糟地

础口软而呈紫铜色，这类铜器多为西周至汉代。锈色多有深浅蓝、绿、红、黑、土色。有的锈多而厚，有的锈薄而少，但都没有好地子，故称之为糟。因地子呈现为黑灰红色，多数不亮，好似煤炭，称黑灰红糟地。此种地子不能用化学方法除锈去锈，用之会出现木炭一样的乌红色，极不雅观。

黑灰红糟地

- 套色地

础口硬度一般，多为商代及西周初期的器物。既有绿漆古地，又有白黄绿地、黑地、浅红黄色地，既有黑漆古地，又有水银沁地，一件器物上地子多种多样，好似云彩，故也称为套色地。

既有黑漆古地又有水银沁地的套色地铜镜   既有灰黑地又有枣皮红地的套色地子牺尊

以上列举了12种古代铜器的常见地（底）子，实际远远不止这些，还有很多。一般一件铜器什么地子占的面积大就称什么地的铜器。各种情况也需要修复师在实践中总结、归纳。

特殊地子色

"包浆"是指器物表面没有浮锈，却通体呈现一层均匀、柔亮的氧化层的特殊现象，有时也用于泛指器物表面"生""熟"情况与呈色情况。"包浆"也是鉴别青铜器的重要依据，可以用于区分出土的青铜器与传世品。当然也有故意做上去，如新铸的铜

香炉，经过不同的混合液体浸泡，然后烘烤，会出现各种呈色的"包浆"；反复浸泡、焙烧之后，甚至会出现非常美丽的厚厚"包浆"。"熟坑"是古玩行里对传世青铜器的一种通俗表达，指的是一些收藏家为了让青铜器更加美观，防止被腐蚀的器物再生锈变质，将新出土的"生坑"铜器洗净，用合理的化学方法除去铜锈，并涂以蜡，使其表层光亮耀眼。这种处理方式使得青铜器表面呈现出一种深色光泽，是早期保护青铜器的一种方法。清代中期，藏家喜欢将青铜器除锈、擦光、上蜡，加之常年把玩，就形成了类似黑漆古地。"熟坑"青铜器是经过人为改造的器物，与"生坑"青铜器相比，"熟坑"青铜器的表面已经表现出自然的"熟""老"。

上海博物馆商晚期戈卣卣 "熟坑器"

2. 做地子的前期准备

"熟坑"青铜器除了一般的清洗，首先就要进行除蜡。

· 除蜡方法：首先是把经过烫蜡处理的铜器放在盛水的铁锅中，一般根据器物的尺寸大小，内注清水，加入碱，充分搅拌。放在火炉上煮开，煮沸一个多小时，加热后蜡自行熔化，漂浮于水面。古代铜器是不怕水煮的，不会影响和损坏铜器的地子和锈色。蜡完全去除后，器物又显本色，变身为"生坑"铜器。

有的青铜器经多年外露或抚摸，表面会留有灰尘和污物；有的经石膏翻模，留有肥皂、石膏等残存物；有的烹饪器中的鼎、甗等，底内多有经过使用后残留的污物。这些都会影响器物原来的色彩，所以需要对青铜器表面做清洗除污，还原真实颜色，确保修复后的颜色无限的接近原器色彩。

- 使用氨水去污效果甚好：用氨水涂抹污物处，几分钟后用蒸馏水冲洗，刷子洗刷，有的污物一次就可去掉，最后要漂洗干净。在具体操作应用时，水洗后如不用软布擦干，而使水自然干的，器上会有一层彩色光膜出现。这是水中氨的反应，遇此情况用蒸馏水漂净后擦干，即无此现象。

还有些青铜器由于经常抚摸而形成的"半熟坑"状态，也需返回生坑原貌，也可使用氨水涂全身再用水冲洗，漂净氨后，即可恢复它原来美丽的生坑色彩。

3. 做地子的方法

■ 做色的工具和准备

常用工具：磁钵、臼、椴木炭、调色盘、刻刀、色勺、棉花、粗布、砂纸、毛笔、喷笔、玛瑙轧子等。

常用调和溶剂：酒精、漆皮、硝基漆、磁漆等。

常用颜料：石黄、红土子、地黄、章丹、银朱、佛青、沙绿、洋绿、品绿、黑烟子、立德粉等。

■ 做地子的步骤

第一，做地子的基础色（打底色）。

第二，精细地做出地子上不同细微的各种色彩变化。

第三，做出青铜器的质感与光泽。

■ 做地子和地子上的细节

先调制漆皮汁（漆皮 200 克，酒精 250 克，充分调匀搅拌，约 10 小时溶化），再根据器物表面的颜色，选择相应颜色的颜料。上色时，既可用重彩法，又可使用淡彩法渲染，对粘接、补配的区域进行打底作色处理，使其与器身颜色相协调、统一。无论使用什么方法，都必须遵守宁浅勿浓，由浅至深的原则，浅了可层层罩染，深了却无法挽救。想一次性调出青铜器表面的颜色是不可能的，必须逐次层层涂上去，这样可达到深厚、明净的效果。另外，一次把缺失部分的颜色涂满、涂足，会导致不均匀或堆积太厚而变"闷"。若在矿物色底上再上自然植物色，就像薄云罩月，最容易体现"修旧如旧"的效果。不过由于自然植物色容易变色，故用色时一定要小心，笔要简，色要淡，量要少，要做到你中有我，我中有你的境界，相互衬托，相得益彰。实际使用时，一般用矿物颜料加进口硝基漆调和做色，也可用植物颜色加进口硝基漆调和做色，局部颜色再用 0～5 号狼毫笔调整。

上面所说都是第一、第二步骤器物地子色的做法，难点为第三，质感的做法。

◼ 质感的做法

首先用椴木炭（磨铜炭）磨地子色，磨时要下功夫，不能暴露出铜锡光亮，要使地子色泽细润而平整，漆的亮度好似玉质一般，匀细柔和。磨好后，用玛瑙轧子一道挨着一道轻轻碾压，以横竖的方向分别往复。再用粗布蹭擦，直至与原件地子色光泽完全相同。如果过亮，用粗布沾一点色料在补块上轻轻按压，再擦拭，光亮就会暗下来。

4. 针对不同地子有不同的做色方法

◼ 不同颜色氧化层（带皮壳）的做色方法

绿漆古地做色·这类地子单用漆皮汁调和矿物颜料是做不出的，需加入磁漆或硝基漆。可用沙绿色、白色、黄色、蓝色的磁漆调合，或加入喷漆料，根据原件色度，或加入适当漆汁，而后用喷笔喷绘或用毛笔涂刷。总之，地子的基础色要做得自然，浓厚了可加入溶剂稀释。喷刷地子后需要彻底干透，干透后再用细纱布、砂纸磨擦。细纱布可干擦，水砂纸要沾水磨擦。待磨平了后再用椴木炭细细磨擦（木炭分成条蘸热水磨擦）。

· 绿漆古地、白漆古地的底部表面不能磨出铜光，需轻轻磨擦，这两种地子是比较难做的。铜器上的这种地子色往往是大面积出现，如果磨擦中出现少量的铜星星，就是磨擦过劲了，色度不均匀了。这时，只好做点锈色覆盖，如果原件的绿漆古地或白漆古色地子发亮有光泽，用玛瑙轧子在补块上慢慢轧亮，但不能过猛压出印痕。再用粗布揉擦，经过这样的处理，地子自然柔润而紧致平细。轧亮后，发现有的部分颜色和色度不自然，可以对照原件地子再调配各种漆料，用自制补子（白绸缎包裹一点棉花，捆扎成球）沾上稀薄漆色，在补块上拍、拖，薄薄地盖拓一层。干后再磨，再用玛瑙轧亮，用粗布擦亮就会与原地子色相、色度及质感一致。

黑灰地做色·黑灰地和绿漆古地的做色方法相同。用钛白、黑烟子调和后作为主基调，再对比器物的细微差异，加入微量的沙绿、黄色、蓝色等磁漆做相应的调整。

黑漆古地做色·黑漆古地和绿漆古地的做色方法相同，只是用的颜料颜色不同。对有金属光泽的器表，用粗布研磨擦拭出相似的光泽。光泽的明亮度与加入的漆料量成正比。

◼ 金属色氧化层的做色方法

泛金地做色·选用同色金粉（铜末）加入漆料中增加金属光泽与质感。所用铜末粉，越细越好，把铜末放入磁钵内研磨精细，放在小盂里，倒进稀薄的漆皮汁调和成稠汤状的色浆，为了达到与原件一致的金色，在色浆内加入适量适宜的色粉，再次调色后涂刷于补配块上，涂刷 2 ~ 3 次。涂刷层不可太厚，待二十余小时干透后，再用水磨纸、椴木炭蘸水轻轻研磨。特别注意研磨时不可露出铜的光亮。用玛瑙轧子轧严密，不露印痕。轧毕，用粗布擦拭出光亮。如有印痕，用布沾一点酒精在印痕上按压。干透后再用粗布擦拭，就会发出光亮。金粉做的泛金地与子原件地子色相似，新旧边缘再用毛笔蘸金粉漆汁，点点、抹抹，涂刷在补配块与缝隙的拼接处，使新旧地子颜色融合，看不出破裂的痕迹。

水银沁地做色·同泛金地的做法相同。对金属色颜料的选择，不是单一的一种颜料，加入的粉末有精细研磨后的银粉、铝粉、贝母粉等，涂抹调和后的漆料，经过擦拭抛光和反复对比调整，使新旧地子色相和光泽颜色相协调，有金属的细腻质感及光泽。

氧化层受损伤至基体内部（无皮壳）的器表的做色方法

如糟皮地、部分脱胎矿化器及各种酥松、伤损氧化层，修补这类地子有几种方法。表面有纹饰的先把补配块做成损伤样貌，然后再做地子；无纹饰的一般可先做完好的新地子。在新地子上用刻刀雕出相似造型再用砂纸打磨加工出与周边器相似的样貌后再做地子色。对脱胎铜器上的铭文部分一般不修补，保持原样，做色步骤和方法与有皮壳的氧化层基本相同，不同之处在于表面没有光泽。伤损的地子质感较难做完美，控制漆料稠度和调和溶剂的比例是模仿质感的关键。

二、古铜器的锈及做锈的方法

1.认识古铜器的锈层

在做好地子（底子）的基础上，再做各种颜色和样貌的锈层是传统的做旧方法。各种锈如贴骨锈、发锈、釉锈、浮锈、疙瘩锈、孔雀绿锈等可见去锈章节（053 页）

2.手工做旧（锈）的工具和材料

手工做锈常用工具：细毛笔、刻刀、竹签、牙刷、小盘、杯、色碟等。

手工做锈的材料（酒精、漆皮、硝基漆与各色颜料）与做地子几乎相同，不同处在于调和料中添加了不同材质的填充物，增加漆料的厚度，更能逼真模仿锈层的样貌。

用漆皮 200 克，酒精 250 克，化成漆皮汁，如需做较厚的锈可以用漆皮 250 克、酒精 250 克调漆皮汁。两者调和比例视什么样的锈而定，如是高锈、发锈和比较结实的贴骨锈，就用较稠厚的漆皮汁加矿物颜料再加填充物进行做锈。可根据锈蚀的厚度添加适量的滑石粉或金属粉末等细小的颗粒物作为填充。此外还可将矿物颜料加入进口硝基漆的原漆调配，再加填充物直接调和做锈。

3. 手工做旧（锈）的技法

铜器的锈色约二十余种，如绿、红、黄、白、紫、灰、土色等，每色又可分为深浅多种。一般先做器物的地子色（底色），等地子色（底色）晾干后，再进行第二层锈色的处理。每次对锈色的处理都要等上次锈色干透后才能进行，这样是为了避免锈色间因混合而影响锈层的处理。地子的锈色做好后，再用漆片调和各种锈的颜色，可用弹拨喷泥的手法进行一些厚锈的处理。将泥浆弹拨到做旧处，待泥浆稍干，再用调好的颜色用相同的手法弹拨上去，这样锈层相互叠压自然，也可以干一层做一层，层层相套，色彩丰富，层次感好。多次对比原器物的色彩，反复用上述方法，不要过分修饰及涂抹。比如做商周时期的锈色，需先做深浅红色，再做深浅绿色，再依照原铜器的锈色适当做一些发锈、釉锈等。

- 锈色做得不自然，行话说"发熟""发肉"。这时，可用细黄土和清水调和成稀泥，在做得不好的地子上用毛笔涂点，覆盖住"发熟"处。

做锈的技法与做地子的技法有所不同，多用有喷、蘸、涂、压、滚、擦等方法，其中蘸、涂、压、滚、擦比较好理解，这里以"喷"为例，讲解示范。

- 锈色的喷射法：用牙刷蘸上与漆调和好的色泥，一手拿牙刷，一手拿小刀拨动牙刷，使锈色从牙刷上弹飞射到器物上。原件上有几种锈色就喷射几种。不同锈色喷射需干燥后再喷另外一种，否则各种锈色就容易混合。喷漆浓稠要适宜，稠了锈色容易发亮，稀了容易被水冲落。锈色喷完可用牙刷沾一点用漆皮汁调和的黄土按压到补配件上，做成积土的样子。还可用牙刷将小盘中的色泥揉匀按压在新补块上，做成各种锈片。最后，从整体出发，再仔细找找细部的细节问题做相应的微调，如可用小刀挑拨或再局部按压些点状小色泥。待完全干透，表面坚硬（用指甲掐压不出印痕）后，整器再用清水浸泡，用干净的牙刷刷洗，把黄土冲洗掉。如有泡状可用小刀或针划破，使水渗透自然散开，再刷洗泥土就会全部掉落了。冲洗干净后取出晾干，再用毛笔蘸相应颜色在边缘随色，使喷射的锈色与原件相同，如同自然形成。喷射锈色时，补配块边缘处往往不易着色，可用毛笔蘸色泥，修描补救。这样，就遮住了边缘处的痕迹。

4. 不同锈常用的做法

做贴骨锈（薄锈）时·用笔杆挑起色泥，直接按贴在新块上。

做疙瘩锈（厚薄不一的点状锈）时·先用毛笔画些锈点，再用牙刷刷毛处按压。

做高锈（较厚的片状锈）时·用铲刀铲起厚块色泥，侧按在新补块上，必要时用电吹风加热或者烘烤。

做发锈时 · 水银沁地铜器多有发锈。发锈为隆起的锈片，表层为老绿色，内呈紫黑色，这种紫黑色好似烧过的红砖颜色。做发锈前，首先得将贴骨锈做好。用厚漆皮汁与红土子、石黄、佛青、立德粉、黑烟子，这几种颜料调成紫黑色泥料堆叠在补块上，待干透后会变得结实而坚硬。堆叠时可以烘烤加热，色泥受热易产生气泡并发出一些气味，所以要轻轻烘烤，不可猛烘，不然会使色泥熔化、流动，凉后变成松糠。根据锈片的高度堆砌，厚的高的就多堆叠几次达到需要的高度，待干透坚硬后，再用比较稀的漆皮汁调和沙绿、石黄、立德粉涂抹在紫黑色的锈片上，即成浅绿色或老绿色的锈片。

做釉锈时 · 把雕刻好纹饰的补配件与原器拼接好，经打磨做好地子再做釉锈。用漆料加矿石颜料调成色泥，用厚料时可不加稀释剂。釉锈色彩多样，有黑、红、蓝等色，套色层次丰富，如浅绿套蓝色、深蓝套绿色后加套黑红色等，有的套色是水痕，有的套色似水痕，有的锈皮突起特亮，有的暗沉不亮。做这类釉锈需用厚料在地子上点点、块块、片片地覆盖，形态要自然，这个难度较大。待色泥干透后（用指甲掐压不出印痕才算干透）用小锤在做好的釉锈边缘点点敲震，使之露出一些碴锈，好似自然震落形成。如遇水流锈、疙瘩锈也要做得如原貌。这些工作做完，用酒精、泥土调和成泥浆，在新做的釉锈上喷射一点，再做一些白碱锈的痕迹。总之，原器有什么锈做什么锈，但以釉锈为主。

· 带有釉锈的铜器，顾名思义就是有一层似釉的锈，有的好像颜色夺目的瓦釉。漂亮釉锈多呈蓝、绿、红各色，深浅分明。这样的铜器多带有纹饰，纹饰和铭文上的釉锈可剥下一些来，无纹饰部分的釉锈可以适当保留，不可全剥光。

· 釉锈、发锈不同于其他锈色，故详细介绍。以上这些做锈技法，在青铜器的复制及制作中同样适用。

在手工做锈时，有时也会运用到一些化学方法来做锈，会沿用"古法"对铸造的青铜补缺件进行化学做色，方法大致分整体皮壳咬旧和局部作锈，具体方法详见青铜器制作的化学做色章节（190页）。这一环节，一直有很大争议。很多人认为与当下的修复理念有悖。其实，笔者认为在补配件上用传统化学方法做色做旧，其实并不与文物修复理念相违背。因为做色对象并不是原文物本身，只是补配铸件用化学方法做色，这是两个概念。配件做好后，与文物有接触面上的黏结剂的选择才是修复可逆性的关键。实际操作中需要可逆、方便去除的材料，而且尽可能做到最小的接触。

三、做地子的案例

案例 1　绿漆古地做色

西周早期提梁卣，上海博物馆藏。典型的绿漆古地中的"皮蛋壳"的器物，表面几乎没有腐蚀的锈层，俗称"清水货"。由于早期修复材料的局限，造成变色严重影响展陈效果，要求二次修复。1996 年再次修复至今，一直陈列于上海博物馆青铜器展厅。修复后颜色至今没有变化，完美达到展陈效果。

做色方案·用硝基漆与矿物色粉调和出与器物皮壳尽可能相近的颜色作为基础底色，用软笔涂刷，等底色干透后做皮壳上局部细节的细微变化色。可通过加入溶剂多少来改变色彩的深浅和透明度，等第二层颜色做好完全干透后，用水砂纸蘸水磨擦，砂纸越细越好，最后用细纱布碾磨直至出现光泽。或者待用细砂纸磨平细后直接用椴木炭细细磨擦（所用木炭分成条蘸热水磨擦）。

修复前

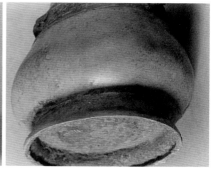

修复后

西周早期提梁卣

案例 2 黑灰色地做色

战国四龙纹镜，镜面和镜背的表面已氧化腐蚀，从截面观看已没有金属属性，表面地子尚可，呈黑灰色。镜器薄，最薄处仅 1 毫米，破损成 6 块，还有缺失。经补缺粘接后进行做色修复。

做色方案·用适量的立德粉、石黄、沙绿、佛青、黑烟子等各色调合成黑灰色粉，后用磁钵研磨细腻均匀备用。黑灰色粉加清漆搅拌均匀，用毛笔涂抹在接缝处，干透后重复涂刷 2～3 次。对接缝处局部的细微差别处用 0-1 号小毛笔蘸相似的色粉涂涂点点，漆料的浓度以能透出之前所做底色为宜。干透后用细纱布和水砂纸磨平细，边沿处用毛笔涂修，用玛瑙轧亮，再用粗布擦拭细亮光滑。

战国四龙纹镜修复前

战国四龙纹镜修复后

案例 3 黑漆古地做色

汉神兽纹铜镜，上海博物馆藏。镜面镜背表面呈黑漆古地，色泽漆黑，黑中带绿并有金属光泽。镜子受损严重，粘接（见 094 页）、补缺后做色。

做色方案·用硝基漆与矿物颜料调制出与铜镜地子尽可能相近的颜色，其余同案例 2。

镜子粘接后

修复完成后

案例 4 水银沁地做色

唐缠枝莲鸳鸯衔绶葵花镜，上海博物馆藏。镜子表面为水银沁地氧化层。镜背的纹饰精美，中心的钮饰立体龟造型踩于荷叶上，周边饰缠绕的莲枝，外围有双鸳相对飞翔。镜面破碎为三块，有大面积锈腐蚀后留下的坑洼状痕迹，有几处锈蚀。清洗碎片，完成拼接后需做色用于陈列。

做色方案·用银粉做基色。所用银粉越细越好，把银粉放在磁钵里研磨精细，放在小盂里，倒进稀薄的漆皮汁，调和成稠汤状的色浆，在接缝处涂刷两三次。涂刷层不可太厚，待二十余小时干透后，再用砂纸椴木炭蘸水轻轻研磨。

· 特别注意研磨时不可露出铜锡的光亮。对镜表的精微变化处用加入其他色粉调配相适宜的颜料作调整。再次研磨使产生的光亮与金属光泽尽可能接近。

修复前的镜面

修复前的镜背

修复中

修复后

案例 5 脱胎器无皮壳地子的做色

宋葵花镜（款：湖州李道人真炼铜照子），上海博物馆藏，镜面及镜背表面都完全腐蚀氧化，没有金属属性，成为脱胎器。脱胎器部分表面地子尚可，如黑灰地等，有的已伤到地子的基体内部，基体地子掉落的部分成为难看的无皮壳地糟皮。

宋葵花镜修复前

宋葵花镜修复后

做色方案·修补加工这种已伤损至基体的无皮壳地子的方法可类似做新的地子。先做出完好的地子，再做糟皮。

（1）同一般做地子方法，先调和出相似的色粉，涂刷做成完好地子。

（2）再用小刀轻刮做成凹凸不平"糟皮"的形状。把洋绿、石黄研细倒入小杯内加入漆皮汁，调成白绿色，涂于"糟皮"区域，在凝固结实前使之呈松散状。这样涂刷 2～3 次，使这一层白绿色与糟皮地子相似。

（3）干透，用小刀轻刮露出下层的白绿色，用细纱布和水砂纸稍加打磨平整，边沿处用毛笔修接。

四、做旧（锈）案例

案例 6　一般锈层的做旧

西周麟纹豆，上海博物馆藏。豆的口沿一侧边缘盘有一处裂缝需修复。因锈蚀没有有害锈，不要求去锈，只需对裂缝处做修复。

做旧（锈）方案·在裂缝粘接后的填缝补缺上，雕刻外侧纹饰，打磨，做地子（底子）色，在完成的地子上做锈。调出与原件相同锈色的色泥，用笔杆挑起直接涂抹或用小棍堆砌、弹拨至接缝处。补配处的锈片也做成伤损皮状。用小锤轻轻敲击，些许漆皮会被震裂掉落，地子破裂就如同糟皮地子一样。新破裂处不牢固，可使毛笔沾些锈色，对照原器件随色，使之与原来的腐蚀地子一样。

修复前　　　　　　　　　　　　　修复后

西周麟纹豆

案例 7 薄锈的做旧

商晚期爵，上海博物馆藏。流部有两处 1 ~ 1.5 厘米直径微空洞，角部有一侧有宽 1 厘米、长 5 厘米的裂缝，需修复陈列。

做旧（锈）方案·粘接补缺修复后先做地子（底子）色，在其上做薄锈做旧。用小棍堆砌色泥涂抹后，用笔杆滚压，用笔点描，使做锈部位与周边锈层协调统一。

修复前

修复后

商晚期爵

案例 8　红绿锈的做旧

　　唐人物故事葵纹镜，上海博物馆藏。镜背的纹饰精美，镜钮饰为踩踏于荷叶上的立体龟造型，周边饰有人物、凤凰、祥云、太阳、水塘、树等内容。镜面从镜面中心碎为两半，镜面表面为水银沁地。上半部分有腐蚀，产生有红绿色锈。下半部分大部分未被腐蚀，表面仍呈水银沁地金属色。需要修复用于展陈。

　　做旧（锈）方案·在镜子的水银沁氧化层部分做金属的地子色，特别是没有锈蚀的下半部分。镜子上半部腐蚀较严重，表面的红绿色锈蚀物完全覆盖了镜子，用漆皮调色粉添加一些粉末做锈。

　　用厚漆皮汁与铁红、沙绿调和出主基色泥，另外添加微量细小颗粒堆叠在缝隙处；用厚漆皮汁与微量佛青、立德粉、黑烟子、石黄等色粉调制不同色泥，在半干时，用油画笔蘸色泥，小刀弹拨；干透后用毛笔点点描画，做补修调整即可。

修复前　　　　　　　　　　　　　　　　　修复后

唐人物故事葵纹镜

　　备注：所举案例不是以文物级别高低及重要性为准则，而是选择最能说明问题的实例。多以铜镜为例是因为铜镜的整体地子相对单一，造型平面化些，呈现的照片视觉感观全面，有助于理解地子的做色做旧。

第四章
青铜器的制造技术

第一节
古代青铜器的制造

一、中国古代的青铜器的制造工艺和特点

金属的加工方式主要分为铸造成型和锻造成型：

铸造成型·将固态金属熔化为液态倒入特定形状的铸型，待其凝固成型的加工方式，是人类较早掌握的一种金属热加工工艺，也是古代青铜器最主要的制造方法，又包含范铸法、焚失法、失蜡法等。

锻造成型·利用锻压机械（工具及模具）对金属坯料施加压力，使其产生塑性变形的成型方式。

1. 铸造成型 – 范铸法

范铸法是以"模"与"范"组合成铸型的铸造方式。"模"与"范"是青铜铸造过程中不可或缺的重要用具。"模"是指用于制范的原型，"范"是指依照模的形状和纹饰翻制出来的铸型。二者相配合，形成"依模制范，依范制器"的流程。汉王充《论衡·物势》曰："今夫陶冶者，初埏埴作器，必模范为形，故作之也。""模范"一词本义就是指制造器物时所用的模型。古代"模范"的材质有石范、金属范、陶范等。

蜡型　　　　　　　　镜范

汉石质镜范及用此范做的蜡型

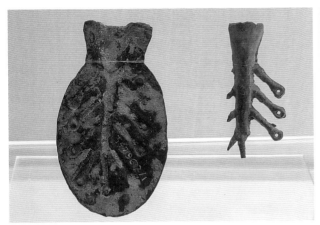

汉金属范及铸件

陶质范、模

东周陶模

东周陶范

中国早期青铜器的成型技术以陶范铸造法为主，陶范以泥和植物灰为主要材料，是古代工匠继承了新石器时期发达的制陶技术，结合了铸造要求改进而得，具有良好的雕塑性、可组装性，以及足够的耐火性、充型性和溃散性。这种陶范材料及其铸造技术从商周青铜器铸造开始，直至明清时期的艺术铸件，前后延续达千年。春秋时期出现的失蜡铸造和流传至今的传统泥型铸造，其铸型材料（范料）仍然是参照陶范材料的配方以及其处理技术，仅做了部分改进。人们将筛选后的泥土按照器物的造型制出泥模之后，在上面制作花纹，经燃烧成型后才能用来翻至外范。一范也只能铸造一件，所以范铸的青铜器每一件都是世上独一无二的。陶范法又包含浑铸法、分铸法、叠铸法等。

▨ 陶范浑铸法工艺流程

1·制"模"

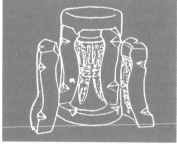

2·范座

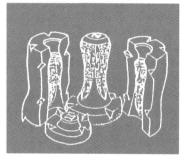

3·制外范

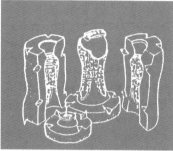

4·制内范

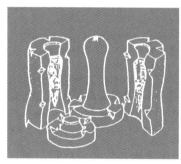

5·合范

6·制作浇注孔

7·浇铸

8·脱壳、打磨

上海博物馆藏西周父庚觯陶范铸造浑铸法工艺流程模型

1·如果铸造一件器型简单又是实心的铜器,可以用实物当"模"。如果要铸一件器型复杂的青铜器,也要先制"模",即用陶土塑出一件青铜器的器型,叫"泥模"或"初胎",其制坯和刻花的制作过程与做陶器完全相同。

2·先用陶泥堆出一个小平台,叫"范座"。

3·将"模"放在其上,在"模"外直接敷上陶泥压实。这后敷上的陶泥就是"外范"。待陶泥半干时,为了便于取下(叫脱模),要将"外范"切成几块(切痕一定要整齐),然后将相邻的两块泥范上做几个三角形的榫卯以便连接;然后将外范取下阴干后用微火烘烤。

4·先将制外范用过的"泥模"加湿刮去一薄层。这刮下去的厚度,即是所铸铜器的厚度,刮去一层的泥模就是"内范"。

5·将"内范"倒置于底范座上,再将几块"外范"置于内范周围,外范块与外范块用榫卯接实。"合范"时为了调整内、外范的位置,要在内、外范之间垫上铜片(垫片)。垫片摆放时要避开有纹饰和铭文的部位,故垫片多放在器物的底部和下腹部。

6·合范后要在上面制作封闭的范盖,范盖上做浇注孔和排气孔,以便浇注铜液和排出空气,防止阻塞铜液。

7·将熔化的青铜液从浇注孔灌入铸型型腔中。

8·待液态金属冷却凝固成形后,将外范打碎,掏出内范,将所铸铜器取出。铜器铸好后,表面粗糙,有残存器表的范土,或铜液中的杂质残存于器物表面,或有部位纹饰不够清晰,需要用砺石修平磨光,最后要用木炭进行擦磨抛光。

我国古代陶范铸造技艺高超，创造出大量的器型复杂、纹饰精美的艺术品。一件复杂器物往往需数十至上百块陶范组合方可铸造，即使如此也配合的严丝合缝。铸造技艺之高超，令人叹为观止。上博修复团队的高精度翻模技术就是很好地继承和还原了这个技术。

2. 铸造成型－焚失法

商晚期出现的焚失法是用可燃烧成灰的材料作为泥芯。如上海博物馆商晚期绳纹提梁卣，以绳索作为原型，在绳索外糊局部无范线的外范，烘焙时绳索焚烧成灰，在空出的范腔浇注青铜液而得绳纹提梁附件。此法使铸造不需脱模，为失蜡法的发明奠定了工艺基础。

上海博物馆提梁卣　　　　　　绳纹提梁运用的焚失法工艺模型

3. 铸造成型－失蜡法

失蜡法主要是以蜡做成铸件的器型与纹饰，再用耐高温材料填充泥芯和敷成外范，经过加热烘烤后，蜡模全部熔化流失，再将青铜熔液浇灌入空腔，便铸成器物。以失蜡法铸造的器物可以完成传统范铸法无法做到的内部三维结构、透雕结构，以及分型困难的铸件，是铸造技术的一大进步。目前制作精致中小型艺术品的主要工艺方法依然是失蜡法。

※ 失蜡浑铸法工艺流程

1·汉鎏金蟠龙透雕铜熏炉　　2·塑泥质内范　　　3·贴蜡　　　4·雕蜡模

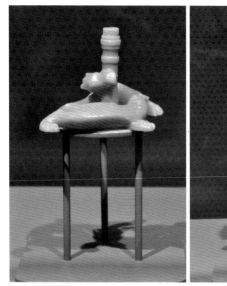

5 · 雕塑蜡模

6 · 焊接浇口蜡棒

7 · 敷泥质外范

8 · 浇注铜液

9 · 脱范、清理

10 · 得到熏炉炉体

上海博物馆藏汉鎏金蟠龙透雕铜熏炉失蜡浑铸法铸造工艺流程模型

4. 锻造成型

中国古代的青铜器也有部分为锻造成型。锻造是通过反复的加热和锤打，使金属材料在外部压力作用下塑性变形，从而获得所需的形状和尺寸。锻造过程中，金属内部晶粒结构发生变化，气孔、裂纹等缺陷被压合，从而提高了金属的致密性，使得锻件具有较高的强度和良好的韧性。锻造工艺也有其局限性，不能锻造形状复杂的锻件。

锻造的提梁壶盖

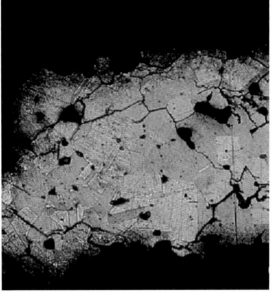

锻制盖的金相组织结构图

锻制的容器器壁可以很薄，达到 0.3 ~ 0.7 毫米，但硬度高。锻制器素面无纹饰、器型简单，大多平底或圆底，看不到铸造留下的范缝和芯撑的痕迹。如湖北随州文峰塔出土春秋战国时期的盘、匜组合。两件整器均为锻制，器耳或錾都是通过后铸的方式铆接到基体上。

湖北随州文峰塔出土春秋战国时期的盘、匜组合

二、中国古代青铜器铸造结构设计及工艺特点

中国古代青铜器铸造从开始的一体浑铸法发展为分铸法。分铸法有别于浑铸法的一次铸造，是通过设计把青铜器部件分开各自铸造，将制作难度分散到各个部件，最终再将分铸部件组合到一起的工艺。而组合工艺又可细分为镶嵌式铸接、铸焊和焊接等。在这个过程中，合范步骤不断简化，装饰趋于多样，对青铜器的形制和风格产生了深远的影响。

- 随州文峰塔出土的战国青铜缶，通过耳部缝隙及缺损处可观察到耳与腹的连接有明显铸焊痕迹。各自分别铸造器身和耳，在耳端根部掏部分泥芯，器腹与耳连接处也掏有相应形状的孔洞，拼合后注入熔融的钎料，冷却凝固后完成焊接。这种工艺主要出现在器物的耳、鋬上，后来逐渐扩展到器物的足上。

战国青铜缶耳与器身的铸焊连接

战国中期错金云纹铜鉴缶

- 湖北随州文峰塔墓地 M18 出土战国中期错金云纹铜鉴缶的鉴盖中间一圈装饰物为镂空蟠龙纹铸件，分铸后与盖体铸接，耳部与鉴身为铸接。

上海博物馆藏春秋子仲姜盘　　　　　　　盘中采用分铸法装配的小动物

青铜剑的铸造

青铜剑是铸造，而不是锻造。青铜剑的铸造方法包括塑模、翻范、合范、浇注、打磨和整修等步骤。具体来说，青铜剑的铸造方法有整铸法、分铸法和复合剑的铸造方法。

整铸法适用于形制和功能简单的青铜剑，通过两块闭合范一次浇注成型。

分铸法则通常先铸成完整剑身，然后将剑身置于铸造不同部分的范内二次铸造成整剑。这种铸造工艺在春秋和战国时期普遍使用。

复合剑的铸造方法是一种高超的工艺。复合剑的铸造方法：用专门的剑脊范先铸得剑脊，并在剑脊两侧预留嵌合的沟槽。然后，将浇铸好的剑脊置于另一范中浇铸剑从。剑从与剑脊铸嵌构成整件胚体。利用榫卯结构的铸嵌法使剑脊与剑从铸的更加紧密。使用时，从外侧边缘打磨剑从，使剑刃锋利。利用现代科技检测中间剑脊与两侧剑从的金属成分得知，剑脊含铜量高，而剑从的含锡量高。这样，剑从因含锡量高从而提高其硬度使之锋利。剑脊含铜量高而韧性好，解决了剑从含锡量高而易碎易断的问题，使剑即锋利又不易折断。著名的越王勾践剑就是使用这种方法铸造的。

剑脊

剑从

青铜复合剑残剑及剖面

第二节
古代青铜器的表面装饰工艺

任何材质的器物都有其特有的制作过程，同样青铜器装饰艺术的形式也与其特有的制造工艺密不可分。传统的青铜器装饰工艺主要采用铸造而成，通过在模范上的雕刻，从而在器物表面形成深浅不同的浮雕纹饰。随着铸造和装饰技术的不断进步，特别是随着铁器的大量使用，为青铜器装饰提供了新的工具，青铜器纹饰的装饰风格也不再拘泥于传统铸造的形式，继而出现了许多新的特种装饰工艺，如錾刻、镶嵌、错、鎏、贴、涂等。

一、錾　刻

錾刻是利用金、银、铜等金属材料的延展性，在青铜器表面结合锻打、挤压、雕刻等方法制造纹饰的装饰工艺。操作者利用坚硬而精细的各种錾子，在青铜器表面凿刻或镂刻出繁缛精致的人物、动物以及几何纹样图案，使素器变得精美而华丽。

"錾"与"刻"是两种不同程度的纹饰成型工艺。錾，小凿也，所谓"錾无锋"而"刻有锋"，前者大片圆润，后者深狭精细。当然中间还融合了一些钻孔、打磨等切削加工工艺。錾刻工艺的历史可追溯到商周时期，是随玉石器、骨角器等的加工技术演化而来，成熟并流行于战国及汉代，是后期青铜器纹饰装饰主要技法之一。从出土的商周青铜器、金银器上的一些錾刻文、镶嵌和金银错等文物标本可知，这种技术已有数千年的发展历史。錾刻工艺的操作，是在设计好器型和图案后，按照一定的工艺流程，以特制的工具和特定的技法，在金属板上加工出千变万化的图案。

錾刻纹饰的特点：

- 錾刻纹饰是一种"减法"工艺，因此纹饰大多以阴刻形式呈现，且纹饰的分布、大小、深浅都受到器型与器壁厚薄的限制。有些器物上錾刻纹饰的精细程度取决于錾刻工具，有的纹饰细精如发丝。錾刻的工艺特性使得青铜器纹饰立面和底面并不平整，往往留有錾痕，纹饰边缘的口沿部分会出现毛刺。錾刻纹饰周边立面会呈现出一种上宽下窄的槽口效果。

· 錾刻纹饰一般都在素器表面进行，这样降低了成本提高了成品率。錾刻纹饰内容丰富，题材广泛，除了各种图案，还有生活场景。

上海博物馆藏汉代八牛贮贝器

筒形器身上錾刻的牛、孔雀、马、雉鸡四层动物纹饰

二、镶嵌珠宝

镶嵌是一门古老的装饰技艺，青铜器的镶嵌技艺一般都是在器物本体预先铸留出凹槽，再将镶嵌材料嵌入其中。绿松石是中国青铜器上最早也是最常见的装饰宝石之一，它主要成分是含水铜铝磷酸盐，含有铜和铁元素，所以颜色在蓝绿之间，含铜多偏蓝，含铁多近绿。因其"形似松球，色近松绿"而得名。常与铜矿伴生，因便于开采，在先秦时期绿松石往往作为开采大型铜矿的副产品进行开发。绿松石这些得天独厚的物理优势，使其成为先秦时期最主要的宝石装饰材料并一直沿用到青铜时代结束。

镶嵌材料也随着技术进步与时尚流行而变得多元化，从硬度较低的绿松石、孔雀石到硬度较高的玛瑙、玉石、琉璃等。古代宝石镶嵌主要采用包镶与粘接等物理方式连接，易脱落，尽量使用原有的材料与方法进行修复，避免使用不可逆材料进行粘接，最小干预，控制好保存环境条件，使之更长久保存。

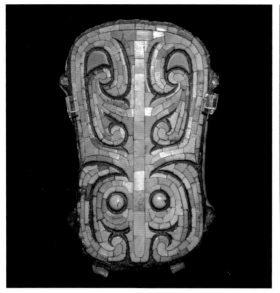

二里头夏都遗址博物馆藏嵌绿松石兽面纹铜牌饰

上海博物馆藏夏镶嵌十字纹方钺

大英博物馆藏唐代嵌螺钿花鸟纹镜

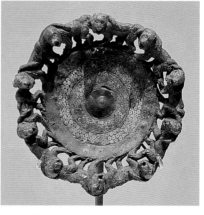

上海博物馆藏战国镶嵌宝石几何纹敦

上海博物馆藏西汉透雕猴边镶嵌腰带饰

三、错

"错"是一种在青铜器表面用金银丝（片）镶嵌成各种纹饰或文字的金属装饰技法。文献中对"错金银"解释与我们目前一般理解的错金银工艺略有不同。目前，从广义上说，凡是在器物上布置金银纹饰的，就可以叫"错金银"。错金银工艺最早出现在东周，一直流传至今。错红铜也是一种类似于错金银的工艺，只是将镶嵌物换成了红铜丝或红铜片。

制作工序大致分三个步骤：

· 先在青铜器表面预先铸出或錾刻出图案、铭文所需的凹槽。内嵌金银的凹槽需要在槽底錾凿出麻点，以加强镶嵌的牢固。

· 然后嵌入金银丝（片），锤打并使之充盈牢固，再通过打磨使其平整、光滑。

· 最后用木炭或皮革反复打磨抛光，使镶嵌物与基体光滑平整，达到严丝合缝的程度。可用蜡石将其打磨光滑，达到突出图案和铭文的装饰效果。

上海博物馆藏
战国错金银嵌玉带钩

上海博物馆藏战国错红铜羽翅纹扁壶
口部一周、颈部倒三角状纹、腹部规整的矩形为
红铜片装饰

上海博物馆藏战国错金银带钩

湖北博物馆藏战国错银凤纹铜樽及盖

四、鎏

"鎏"金（银）是一种古代热镀金（银）技术，出现于春秋战国并一直流传至今。汉代称"涂金"或"黄涂"，唐代称"镀金"，宋代始称"鎏金"，虽然称谓上不同，工艺是一致的。

古代鎏金的方法大体可分为五个过程：

河北博物院藏西汉长信宫灯

· 仿"金棍"：预备一根铜棍，将前端捶打扁，略翘起，沾上水银，晾干即成"金棍"。

· 煞金：用水银溶解黄金。待金溶解后，倒入冷水盆中，使之成为稠泥状，叫做"金泥"。

· 抹金：在器物上涂抹"金泥"。

· 开金：将烧红的无烟木炭放在变形的铁丝笼中，用金属棍挑着，围着抹金的地方烤，以蒸发金泥中的水银，使黄金紧贴附器物表面。

· 压光：用玛瑙或玉石做成的轧子在镀金面反复磨压，把镀金压平，用以加固和增亮。

五、贴

贴金是一种传统、特殊的工艺，在现代包金工艺还没有诞生前，贴金与包金是同一意思，都是将很薄的金箔包贴在器物外表，起保护、装饰作用。由于有了现代包金技术，传统贴金工艺成了一项独特的工艺。传统的贴金是古老的金属锤揲工艺，从事这种手工的作坊被称为捶金作坊。利用成色很高的贵金属优良的延伸性，锤揲成极薄的金箔片（厚度在 0.12 微米）。此时，金箔对一些光滑的材料有着很好的吸附性。

四川广汉三星堆遗址出土的戴金面罩的铜人头像

明宋应星的《天工开物》记载："凡造金箔，既成薄片后，包入乌金纸，竭力挥椎打成。"传统的贴金法工序不算复杂，用生漆调以熬炼过的熟桐油，制作为金胶。把金胶抹在器物表面，在快干的时候用竹夹覆上金箔，以软毛笔在金箔衬纸纸背上轻刷，金箔即可贴在器物表面上。

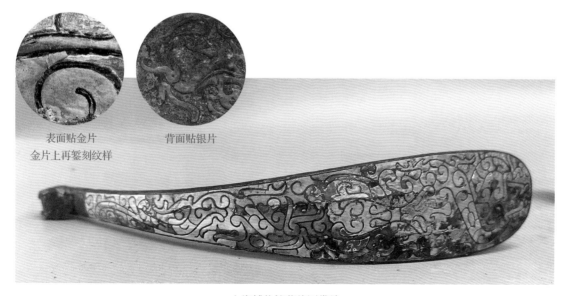

表面贴金片
金片上再錾刻纹样

背面贴银片

上海博物馆藏战国带钩

六、化学涂层处理

湖北荆州市江陵县望山楚墓群和马山五号墓分别出土的著名的春秋晚期越王勾践剑与吴王夫差矛，这两件兵器通体饰有菱形格暗纹，华丽无比。这是一种非机械镶嵌又十分规则的几何双线菱形纹饰，这种菱形纹饰在双线条交叉处又穿插有小菱形纹饰，拭之不去，磨之依然，极富装饰性。后研究发现，此类纹饰为化学涂层处理所得。

上海博物馆文物保护科技中心在对这一工艺进行专题研究中发现，菱形纹饰部分的化学成分与基体部分不同：前者锡高铜低，属锡基合金；后者铜高锡低，属铜基合金。通过金相分析发现纹饰区与基体组织相同，亦为树枝晶结晶，这表明纹饰区的形成亦有一个从液态至固态的铸造过程，也就是说这个菱形纹饰是二次铸造加工而成。通过模拟实验研究揭示菱形纹饰加工技术的秘密，具体做法是：在黏结剂中加入高锡合金粉末，调制成膏状，涂覆在兵器上；待干后刻画菱形纹饰，刮去非纹饰以外的不需要部分膏体；然后入炉加热扩散处理，取出冷却后磨去多余氧化层。此时表面

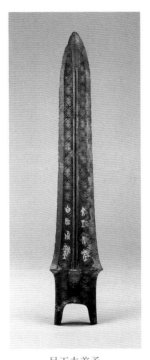

吴王夫差矛　　　　越王勾践剑
湖北省博物馆藏

涂层部位的锡与铜出现了渗透，呈现出了银白亮色，而无涂层部位仍保持青铜的金黄色。经富锡处理的青铜表面形成了细晶组织层。在埋藏腐蚀条件下，富锡纹饰区域的腐蚀程度高于基体，因此千年之后，兵器在不同程度的腐蚀下，呈现有层次的双色相间的菱形色泽效果。

七、彩绘与髹漆纹饰

彩绘与髹漆纹饰是青铜器装饰纹饰中较为特殊的类型，是金属与颜料、天然有机黏结剂的组合。彩绘与髹漆纹饰的优点是可用快速廉价的方式装饰与美化色彩单一的青铜器。此

法可借助彩绘弥补青铜器铸造时的小缺陷及修复与补铸痕迹。彩绘与髹漆还可以在青铜器表面形成覆盖保护层，使得原本容易氧化和腐蚀的青铜器得以有效的保护。

铜器上彩绘与髹漆装饰形式有：

- 直接在素面青铜器表面进行着色彩绘，这种技法产生于战国末期。上海博物馆藏西汉彩绘云纹壶就是用此法装饰。

- 在铜器上施以较厚的彩绘后，在彩绘层上进行刻画。秦始皇陵园青铜水禽身上发现了少量残存的彩绘，彩绘之上细致地刻画着羽毛的纹理。

- 在事先铸造或錾刻好的底纹阴线部位进行填彩，一般选用黑色，待干后除去表面溢

圆壶　　　　　　　方壶

上海博物馆藏西汉彩绘云纹系列

出纹饰的多余彩绘，深色的彩料使得原本金黄色青铜纹路更为清晰与立体。这种技法在商代晚期已经出现。

商晚期𡚴鼎（填黑彩）　　　　　　　商晚期𠭯羊乙爵（填红彩）

八、综合装饰

上海博物馆藏战国几何纹方镜

随着加工技术的进步，在同一件青铜器物上多工艺、多工种的应用成为彰显财富地位的方式。战国以后，铜镜装饰也出现了巨大的飞跃。上海博物馆收藏的一枚战国透空镶嵌几何纹方镜，不仅是一件实用的照容工具，更是一件精美的艺术品，反映了当时社会的审美趣味和工艺水平。此镜集各种工艺为一体，采用分铸技术，镶绿松石、嵌红铜丝、错金银等，铜镜四角还饰有错金的火纹乳钉，显示了当时高超的铸造和装饰技艺。

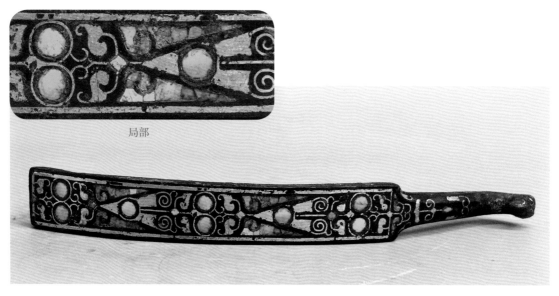

局部

上海博物馆藏战国带钩（错金、嵌绿松石）

第三节
现代青铜器的制造

青铜器制造工艺随着时代的发展与科技的进步，有些方法被取代，有些被改进并沿用至今，更有全新的方法诞生。根据所用材料的增减方式可将青铜器的制作分为等材制造、减材制造、增材制造。这里介绍目前常用的几种方法。

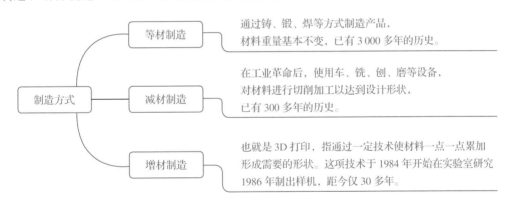

制造方式

- 等材制造：通过铸、锻、焊等方式制造产品，材料重量基本不变，已有 3 000 多年的历史。
- 减材制造：在工业革命后，使用车、铣、刨、磨等设备，对材料进行切削加工以达到设计形状，已有 300 多年的历史。
- 增材制造：也就是 3D 打印，指通过一定技术使材料一点一点累加形成需要的形状。这项技术于 1984 年开始在实验室研究，1986 年制出样机，距今仅 30 多年。

一、泥型铸造（等材）

泥型铸造是一种从古代陶范铸造演变而来的传统铸造技术，其特点是以泥料混合物为造型材料，这种造型材料具有良好的可塑性、可雕性、复印性以及高温综合性能，并且可一型多次使用。所铸物件纹饰清晰、表面光洁；可在泥范上直接雕刻文字或花纹，适合单件艺术品的制作。但制作周期长，技巧要求高。这种传统工艺在如今仍在钟、塔、香炉等法器以及铸锅、浴缸等铸造中广泛应用。

采用泥范铸造铜镜

二、翻砂铸造（等材）

翻砂铸造是用黏土粘结砂作为造型材料生产铸件，历史悠久也是应用范围最广的工艺方法之一。在各种化学粘结砂蓬勃发展的今天，黏土湿型砂仍是最重要的造型材料，其适用范围非常广泛。砂型铸造时先将下半型放在平板上，放砂箱，填型砂，紧实刮平。下半型造完，将造好的砂型翻转180°。放上半型，撒分型剂，放上砂箱，填型砂并紧实刮平，将上砂箱翻转180°。分别取出上、下半型，再将上型翻转180°和下型合好，将熔化的金属浇灌入铸型空腔中，冷却凝固后而获得铸件。这套工艺俗称"翻砂"。

小型器（如钱币）用网筛提高填砂细分精度　　　采用翻砂法铸造

三、熔模铸造（等材）

现代熔模铸造方法源于我国先秦时期的失蜡铸造，从青铜器物的制作到如今成为生产机器零件的重要手段，铸造工艺和材料经历了巨大变革，技术水平大大提高，为现代艺术铸件铸造开辟了更为广阔的天地。熔模铸造，亦称为失蜡法铸造，是制作中小型青铜复制品的主要工艺方法，具有铸品精致、纹饰清晰、工艺灵活、适应性强等特点。由于采用一次性可熔失的蜡质材料作模型，因而可以制成复杂的器型。由于采用热型浇注，薄至0.5mm以下的纤细图案均可铸出。熔模铸造方法既适合于工业规模的批量生产，又可单件创作。

20 世纪 70 年代发展起来的石膏型熔模精密铸造，用于高要求的首饰加工居多，因具有高精度、高表面质量的优点，精美青铜器的铸造和复制也用此法。

四、3D 打印成型（增材）

是一种以数字模型文件为基础，运用粉末状金属或塑料等可黏合材料，通过逐层打印的方式来构造物体的技术。3D 打印通常是采用数字技术建模后直接打印。随着 3D 打印精度与效率不断提升，打印材料不断推陈出新，打印材料从单一输出树脂材料发展为多材质复合输出的方式，其中以金属增材为主的金属 3D 打印技术发展迅速，为金属文物修复与复制开辟了新的途径。金属 3D 打印技术目前主要分为两大阵营：直接金属打印和间接金属打印。其中，直接金属 3D 打印技术主要是采用激光、电子束或等离子，作为输入热源来直接烧结（熔化）金属粉末或其混合物进行逐层叠加打印。技术特点就是打印与熔化一体，同时获得产品形状与性能。而间接金属 3D 打印是通过打印黏结剂与金属粉末的生坯件，通过烧结得到金属件。目前金属打印的精度已有所提高，不过对比青铜器原器纹饰的精美细节，还有待改善。3D 打印这种快速成型制造技术，具有广阔的工业应用前景，是国内外今后发展的重点，也是青铜器修复与复制的一个新技术方向。

3D 打印技术的原理对比

打印方式	具体类型名称	打印成型速度	成型方式	打印精度	可用材料
熔融沉积成型	FDM	慢	点成型	较低	热塑性高分子材料，例如 PLA、ABS、PETG、PC 等材料，需要防潮储存
光固化成型	DLP	快	面成型		
	SLA	慢	点成型	较高	光敏树脂需避光储存
	LCD	快	面成型		
选择性激光烧结成型	SLS/SLM	慢	点成型	较高	粉末型可熔融材料，种类多，除高分子材料外还可加工金属和陶瓷
多射流熔融	MJF	快	面成型	较高	粉末型可熔融材料，种类多，除聚丙烯等高分子材料外还可加工金属
喷墨的方式沉积成型	NPJ	比普通激光打印快 5 倍	滴液喷射	具有优异的精度和表面粗糙度	纳米液态金属

3D 打印觥的蜡型

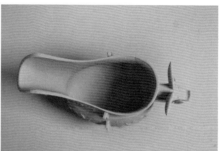

修整好的 3D 打印觥蜡型

光敏树脂 3D 打印觥

金属 3D 打印觥

五、数控机床加工（减材）

　　与基于增材原理的快速成型的 3D 打印技术不同，数控机床加工是采用减材原理的成型方法，利用各种刀具对材料进行钻、铣、削加工，从而达到"雕刻"的目的。其中五轴联动加工因其高自由度和灵活性，更适合于加工复杂曲面和几何形状的零件。选择哪种技术取决于具体的加工需求和技术支持。随着科技的发展，数控机床加工可操作范围的扩大，对细节的处理更精细化，具有更广阔的应用前景，也是青铜器修复与复制可应用的新技术方向。

数控机床加工补配件

加工完成的补配件

（该件可用于 133 页舰的补配）

第四节
海派青铜器的复制技术

青铜器的复制分为整件器物的复制和局部的复制。局部的复制就是青铜器修复中的补缺，而整件器物的复制更倾向于工艺美术类的艺术品制作。青铜器的复制主要分造型和色彩两方面：青铜器的造型有大小之分，大的造型就是器物的整体器型，小的造型也就是纹饰的立体造型；色彩是在整件造型基础上的做色。上海博物馆青铜修复团队对大型的青铜艺术品的制作运用分段铸造，以砂型失蜡铸造法为主，对小型青铜器的复制以石膏型精密铸造和硅胶翻模铸造为主；对色彩的复制主要是传统的化学做色法。造型与色彩是最真实的还原青铜器艺术和工艺价值的关键所在。

一、青铜器的造型

1. 制作青铜器原型模

早期文物信息资源少时，大多参考《考古图》《宣和博古图》等古籍所著录青铜器的图像、铭文、尺寸的资料来制作器型。现在则可通过影像资料、数据直接翻模复刻器型。随着文物保护意识的提高以及文物保护法规的完善，在很多珍贵文物不允许通过在原件上直接翻模获取器物造型与纹饰的情况下，手工塑型与三维数码采集成为创建青铜器原型的基本方法。制作青铜器原型模的流程可概括如下：

· 制作泥塑器物整体大造型。

· 在泥型上翻制石膏外模。

· 在外模凹面上刻表面主（大）纹饰的造型。

· 翻制石膏内模（器型模）。

· 在表面凸起的主纹饰表面再刻细纹饰。

· 然后雕刻其余底纹。

· 对各处纹饰修整完善，完成石膏原型出样。

制作青铜器的大形

泥塑·泥塑是最古老的塑型方法，也是中国古代青铜器原型塑造的重要方法之一。用黏土或雕塑土通过揉、搓、捏、盘、挖等手工技法，经搭内骨架、上泥造型、深入修整、石膏翻模等一系列步骤，完成青铜器石膏原型的创建。细腻灵活、应用面广是泥塑最大的特点，适用于复杂的圆雕和多变的动物造型青铜器物的塑造。

青铜器泥形大样

用泥塑制作炎黄鼎的足形

上海博物馆前馆长马承源先生和青铜器修复专家黄仁生对泥塑的炎黄鼎的纹饰
细节进行探讨和修改

石膏塑形·是现代器物造型常用的成型方法，它既可以作为泥塑翻模的介质模型，又可以通过浇铸、塑造、模板刮削、旋转刮削等方法直接成型。石膏成型具有还原性好、细腻光滑、光洁度好、热导率低、易于掌握、使用寿命长等优点。适用于浮雕和几何体青铜器物原型的制作。

绘制青铜纹饰

由于青铜器纹饰结构较为复杂，各类纹样组合的衔接要求极高，对很多初学者来说比较难掌握。虽然每一块纹饰之间都有差异，实则有规律可循。以商晚期和西周早期青铜器纹饰为例，有以下特征：

· 造型和纹饰多对称且规整，主体纹饰和底纹多平面铺开，主体纹饰多以兽面纹或凤鸟纹为主。

- 纹饰由商早期的单层逐渐发展为三层。所谓三层就是除凸起的主纹和细密的底纹之外，还有较粗主纹上再勾划的细纹。这些纹饰均由铸造而成，所以大量的雕塑、刻画工作是在制模和制范时完成的。纹饰多以阴线、阳线、阴面、阳面，线面兼用浮雕、圆雕等表现形式，纹饰排列有序，镂刻深沉，一丝不苟。
- 纹饰与纹饰之间有层次和主次关系，各纹饰间的衔接自然有序。

　　理解青铜纹饰的规律是绘制纹饰的基础。传统绘制青铜器纹饰采用手绘，根据实物并参考纹饰的拓片，运用描线笔、针管笔等工具在纸或石膏模型上进行描摹和转印。随着计算机绘图技术的普遍应用，采用软件绘图直接在照片和拓片上勾勒描摹取样，逐渐取代了传统手绘。目前软件绘图的矢量图可以无限放大，适应任何大小的随意修改和调整。

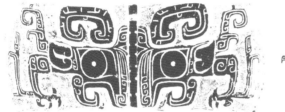

兽面纹拓片

兽面纹墨稿

手纹兽面纹线稿

▪ 雕刻纹饰

　　将绘制的纹饰转绘至石膏原型后就可以进行下一步纹饰雕刻。阴刻的底纹底面平整，侧壁均匀，阴线剖面略呈梯形，纹饰线条呈现上窄下宽的状态，也就是口部窄底部宽。阳线纹理呈现微微的上宽下窄的趋势。一般运用通过内模外范双向雕刻，最终达到纹饰的完美。

石膏模具的翻制双向雕刻（黄仁生刻）

在凸起青铜纹饰表面再画细纹饰（黄仁生刻）

雕刻纹饰所用自制刻刀

蜗身纹簋石膏原型

2. 制作模具

翻制内、外范的一整套模具，用于制蜡模。

由于这部分内容极具特点，特设一小节叙述，详见 195 页。

3. 制作蜡模

组装石膏分块外范模具，通过对石膏模具或者硅橡胶模具注蜡后得到蜡模件，各附件组装后得到青铜整体蜡型。修理蜡模接缝线，为得到更清晰的纹饰，还需要修整蜡模的纹饰。

调蜡·为了使纤细复杂的模具能从模具中顺利取出，模料应具有良好的弹性和韧性，即取模时，蜡变形而不断裂，当外力去除后，还能自动恢复到原来的形状。但超过制模所需的过高弹性和韧性反而需要修理蜡模飞边的毛刺，会增大工作量反而效果不好。可根据各种需求自制蜡料，如需强度高、不易变形的，用松香基蜡料；需塑性好、可随意揉捏的，使用蜂蜡（黄蜡）基蜡料等。按需配料，将熔化好的蜡液倒入蜡桶中，占桶容量的三分之一，再加入一定数量的蜡片，开动调蜡机的螺旋桨进行强力搅拌，调至均匀的糊状为止，然后倒入保温桶中，保持温度为 48～50℃ 备用，若调的不均匀会造成蜡模表面粗糙不平。

注蜡·即把糊状蜡料装入蜡枪或注蜡机，在一定压力下把蜡料注入石膏模，冷却后取出，之后将蜡模平稳整齐地放入水盘中，为防止变形，温度应控制在 18～25℃，温度过低蜡模易开裂，过高则蜡易软化变形。

焊接各蜡模附件和预留件·单个蜡模经过清除边缘修光后，用烙铁逐个地焊接到浇口蜡棒上，制成模组。蜡模焊在浇口蜡棒上应向下倾 5°～10° 为最佳。为适应各种尺寸和形状的浇口，可用薄的耐热钢板制成多种不同尺寸的烙铁刃备用，烙铁刃放在低压电热器上进行加热。在焊接蜡模时，为减少浇注缺陷，必须遵守下列工艺操作规范：检查浇口蜡模有无裂纹、气孔等缺陷，予以修补平整，焊接要牢固。蜡模焊接规格为：浇口蜡棒顶端和蜡模的最短距离应大于 70 毫米，浇口蜡棒尾端和蜡模的最短距离为 15～20 毫米，蜡模间最小间隙为 8～10 毫米。

4. 制作模壳

涂制模壳是失蜡法铸造制造型腔的关键步骤。型壳由耐火材料和黏结剂构成，首先将耐火粉料和黏结剂配成的涂料浸涂于蜡模表面，并在其上撒淋颗粒状耐火材料，进而固化，如此反复多次，形成具有一定厚度和透气性的多层型壳，经脱蜡、焙烧即可浇注，但对异形的复杂件涂挂操作不易。

石膏型精密铸造是 20 世纪 70 年代发展起来的一种精密铸造新技术，它是将熔模组装，并固定在专供灌浆用的砂箱平板上，在真空下把石膏浆料灌入，待浆料凝结后经干燥即可脱除熔模，再经烘干、焙烧成为石膏型，在真空下浇注获得铸件。石膏浆料的流动性很好，又在真空下灌注成型，其充型性优良，复模性优异，成型精确、光洁。该工艺不像一般熔模铸造受到涂挂工艺的限制，可灌注复杂铸件用型。不过石膏型的热导率很低，纯石膏加热时体积收缩大，铸型激冷作用差，当铸件壁厚差异大时，厚大处容易出现缩松、缩孔等缺陷，且耐火度不高。所以，可根据需要，在石膏中加入耐火的混合材料，配制合适的石膏浆料，常用的制壳耐火材料和性质如下。

几种常用制壳耐火材料的物理－化学性质表

材料名称	化学性质	熔化温度/℃	耐火度/℃	密度/(g·cm⁻³)	线膨胀系数/(1·℃⁻¹)(20~1000℃)	导热率/(W·m⁻¹·K⁻¹) 400℃	1200℃
石英	酸性	1 713	1 680	2.7			
熔融石英	酸性	1 713		2.2	0.5×10^{-6}	1.591	
电熔刚玉	两性	2 050	2 000	4.0	8.6×10^{-6}	12.560	5.275
耐火黏土	酸性		1 670~1 710			1.214	1.549
莫来石	两性	1 810*		3.16	4.5×10^{-6}		
硅线石	弱酸	1 545		3.25	$3.2~6 \times 10^{-6}$		2.094
锆英石	弱酸	1 775*		4.5	5.1×10^{-6}		
镁砂	碱性	2 800		3.57	13.5×10^{-6}	5.443	2.931
氧化钙（烧结）	碱性	2 600		3.32	13×10^{-6}		7.117

＊均指异成分熔化温度。

5. 熔蜡及焙烧

加热带有硬壳的蜡模，使蜡熔化后从浇口流出，形成铸型空腔。经过熔（失）蜡后所得到的模壳，不能直接用来浇注金属（铜水），必须经过焙烧，除去模壳中残留蜡、水分、其他杂质等，使模壳具有可靠的强度和较好的透气性。同时浇注是在红壳的状态下进行。

6. 熔炼铸铜

把金属料在熔炉中熔化后浇注到模壳里。熔化铜（金属）可用中频熔炉，也可以自建半地下土化铜炉。坩埚内加铜料，铜与铅、锡等的比例按检测结果配制，待铜水全部熔化后浇注在模壳中。铜料应注意纯净，坩埚的大小视器物蜡型分块的尺寸、薄厚来进行选择。将铜熔化后必须一次性浇注完成，以防气阻形成隔空或炸壳。

7. 脱壳及整修

脱壳，切除浇口、冒口，对铸件进行表面整修、打磨、抛光。青铜器的造型完成，等待后续的做色做旧工序。

二、青铜器的做色做旧

化学做色法是将青铜器浸泡在调制的化学溶液中待其变色。其原理就是最大程度模拟自然条件下的氧化腐蚀的过程，用化学试剂催化，加快腐蚀的进程，在较短的时间内使青铜器表面生成质地、厚度、颜色等都相仿的氧化层。做旧（锈）也是通过加速铜末的腐蚀反应速度，制作想要的锈层。传统的化学法做色做旧优点是，所做的青铜器表面"皮壳"有一定的腐蚀厚度，颜色更加自然，锈层有断面，更接近真实的青铜器的实物。上博青铜器修复的化学做色法，传承自海派青铜器修复和复制技艺的创始人王荣达先生的实践和积累，以下是传统化学做色做旧的一些经验总结。

1. 新铜器做各种颜色地（底）子的方法

新铜器做各种颜色地子需要的材料、方法，浸泡时的注意事项，及发生不同情况的应对方法。

▪ 新铜器泡地（底）子法

材料·硫酸铜、硇砂（硇砂可用氯化铵代替）、醋、酸性绿（染料）少许。

方法·先将硫酸铜、硇砂捣成粉末倒入醋内，把酸性绿染料（染毛料用的染料）用热水溶解也倒入醋内。用白纸浸入醋内拿出有绿色即可，调制好的药液放置 1～2 天即可用。

新铜器先进行表面磨平抛光（抛光目的是为了泡出来的底子更光亮），棉花蘸酒精或香蕉水（乙酸乙酯），清洗掉铜器表面的油污，使器物表面干净。用绳系好新铜器浸入准备好的药液中，悬于浸泡的液体中。器物不露出液体表面即可，也不要沉于液底。浸泡半小时后取出水洗，用软布吸干，观察变化再继续浸泡。

青铜材质浸泡后成黑色，经反复浸泡，浸泡的时间越长底子（氧化层）就越厚。反复浸泡，底子（"皮壳"）逐渐由黑变绿、再到白绿色。这种底子由于形成的快而厚，有的不够坚实，有的地方用漆刷刷洗时或用软布擦干时会被擦掉去一层，所以刷洗时用软笔刷，擦干也要轻吸。

· 为了防止浸泡后产生的氧化层脱落，用以下方法处理：川蜡用刀削成薄片，放入汽油内，在火上慢慢加热，川蜡会逐渐融化于汽油中，稍冷倒入瓶内，冷却就成雪花膏状，备用。用时将此蜡挑取包于棉花中，手搓揉捏，做成布满蜡的棉球。用这样的棉球在底子上和花纹上沾擦，平面上揩之，待汽油干后就有一层白霜似的蜡。用棉花来回轻轻揩之，这样底子不但增加了光亮，同时也起到了保护底子的作用，使底子不会脱落。然后再浸泡，在反复浸泡的过程中，上蜡的次数与时间是由底子的氧化层是否有脱掉或"伤亮"（器物失去金属光泽）现象来决定的。这种蜡在修复铜器时也常用，如去锈后，底子的光泽度不足时也可用此蜡，使其光亮充盈。在花纹处擦沾时，注意避免蜡进入花纹的阴纹内，而成熟坑的感觉。

· 如需做白绿色的底子，在浸出的黑色底子变色慢即钝化后，底子不容易变白色时，可用以下方法处理：硝酸加水稀释到淡的程度，用毛笔蘸着抹在黑色底子上，黑色底子就被稀释的硝酸咬得逐步转变成白色，用水洗掉稀释的硝酸水。然后上蜡后浸泡，浸泡一两次后，再用酸性绿溶于热水后稍加点盐酸或硝酸，用毛笔涂抹在底子上，几分钟后水洗，干后再浸泡。在反复浸泡过程中，还可用以下方法：硫酸铜和硇砂捣成粉末，用酸梅或醋调成糊状，内加几滴硝酸调匀，贴在底子上，半小时后看效果情况。时间可长可短，亮光不足就上蜡，然后再浸泡，浸泡到需要的底子颜色出现为止。经此液泡出的底子颜色自然，有深浅层次，还有"伤亮"的味道（有的底子掉了光亮的表皮）。需凭经验判断。

· 在修复旧文物中，底子没有光泽的铜器，用炭磨出铜色或磨得和新铜一样，再用此液浸泡，同样能泡出白绿色底子。

新铜器变黑的方法

材料 A·氨水、碳酸铜按适当比例加水制成液体，浸泡即可形成黑色底子，有的浸泡后，黑色底子中还含有蓝光。

材料 B·硫化钾、硫化铵（液体），按适当比例加水稀释制成液体，用笔涂抹在铜器的表面颜色会立刻变黑。此液浓度高时，有的底子的黑色中还有蓝光，也可以浸泡，但是仅用此法出黑不理想，颜色过于呆板，不自然。有其他方法交替使用才好。

· 很多化学药品对铜器都起变化，要多看书，多做实验，才能总结出适合的方法。

新铜器做泛金地的方法

新铜器磨平抛光，去掉抛光时残留的油污，在火炉上烘，烘热到新青铜器变成泛金地的金黄色为止，冷却后就成泛金地了。要掌握烘热时的温度和颜色的变化关系，热到是泛金地的颜色时，就即刻迅速移开火炉，再热就不像泛金地了。

需要留泛金地的部位，用泡力水（虫胶与酒精的溶液）涂刷一层保护层，然后才能在药水中浸泡，使其不会泡出别的颜色，其他部位泡成需要的颜色即可。泡好后用酒精和香蕉水浸泡洗掉泡力水。

■ 新铜器做枣皮红地（底）子的方法

欲做枣皮红底子的铜器，先磨光器表（用碳磨、细铁沙皮、水沙皮都可）。在想做红皮底子的部位上涂上调成糊状的硼砂（硼砂如是晶体的，先研磨成细粉，再用水调和成糊状）。在微火上烘烤干，然后放入旺火炉中把铜器烧红，烧到硼砂熔化在铜面上时取出，冷却后即成枣皮红颜色了。

如枣皮红的颜色不够理想，可再烧红至理想为止；如烧出的枣皮红底子太厚实，可用细油石或磨炭、水磨砂皮把它磨薄到理想厚度为止。光亮味道不够，使用纱布沾上细的炭化砂（碳化硅）研磨，来回擦拭增加光亮就可。传统器物抛光方法采用椴木木炭磨光，或细砂纸、水砂纸磨光。

· 如其他部位想得到其他颜色的底子。浸泡前必须先将已做好的枣红皮的底子用清漆喷涂或用泡力水涂刷一层厚厚的保护层，以阻隔药物试剂对其的作用。保护层干透后才能在药水中浸泡。在浸泡工作中必须经常取出观看保护层是否有脱落或有无失效情况。如有脱落要及时再涂刷覆盖的保护层，泡到底子理想时用香蕉水或酒精浸泡去掉保护漆层即可。

2. 化学做锈的方法

■ 铜末做锈法

材料·醋酸铜、硇砂、食醋、硝酸、碳酸铜、新青铜末、旧青铜末。其中新、旧铜末由钢锉锉成，做厚锈时用粗铜末，薄锈反之用细铜末，可用200～250目的筛子筛。

醋酸铜、硇砂研磨成粉，倒入陈醋内溶解成溶液，都溶解后，将铜末、碳酸铜倒入溶液调成糊状，加硝酸数滴（硝酸多，生成锈的锈面有光亮成亮锈；硝酸少，锈面无光泽）。做锈时，将糊状铜末涂在欲做锈的部位上，干后铜器放潮湿处。实验室用潮湿箱最好，或者用方便看到坑内铜器上铜末变化的大玻璃罩，罩内放碗水，铜器放罩内。

铜末受潮后，在硇砂和硝酸的作用下，青铜器很快会被腐蚀，而形成绿锈。这样腐蚀成的锈蚀很坚硬、牢固、自然。想要使锈有自然的断面，在欲做锈的四周涂一层厚稠的漆料，来保护不做锈的部分。待糊状铜末腐蚀成锈后，用溶剂清洗掉漆，锈的四周和断面就有真锈的自然感觉。

3. 化学做色做旧的应用

补缺件修复·如上博馆藏商晚期凤纹觥修复时（见133页补缺案7），对已铸青铜补缺件运用化学试剂浸泡，完成做色做旧。补缺件表面颜色自然生动，层次丰富，质感极佳，且氧化层有一定的厚度。

整件器物。上博大克鼎的等比例文创复制品。采用现代失蜡法铸造技术铸造器型，传统化学做色法对整件做色。

已铸的凤纹觥补配件

用化学方法做色做旧后

西周大克鼎（文物）

大克鼎文创复制品

上海博物馆馆内装饰——龙头扶手

上海博物馆的人民广场馆整座建筑结合了镇馆之宝"大克鼎"的造型特征，宛如一尊中国古代的青铜器，也是上海标志性旅游地标之一。早在1993年场馆筹备、建设之初，总设计师马承源馆长便确立了以青铜元素为核心的设计理念，这一理念不仅体现在建筑外观，也渗透到内部装饰之中。一楼大厅的中心楼梯是整个空间的视觉焦点，其装饰设计尤为关键。马承源馆长提出了一个创新的想法：将楼梯扶手的头部设计成具有青铜器元素的龙首造型。作为雕塑专业的毕业生，钱青有幸承担了这一设计任务。在马承源、王庆正、陈佩芬、黄宣佩等专家前辈的指导下，在参考了上海博物馆藏青铜器实物的附件，如簋耳、兽首、青铜盘的龙头耳、匜的流部等，设计并制作了龙头的泥塑原型。后经翻模制成石膏原模，浇注及表面处理后，龙头被安装在一楼大厅楼梯扶手的头部。

楼梯扶手头部装饰铜龙头，扶手部分采用木制龙身，而扶手以下的固定件则为金属围栏。围栏上分段装饰着许多相互缠绕的小龙，与龙首和扶手（龙身）形成呼应，动静结合，展现了中国传统文化的魅力。龙首的设计不仅是装饰的亮点，也成为整个大厅设计的点睛之笔。这样的设计既实用又具有装饰性，进一步强化了上海博物馆以青铜元素为装饰主调的特色。安装完成后，惊喜地发现，这一设计意外地与宝鸡竹园沟出土的西周兽头车辕饰有着惊人的相似之处，这无疑是一个奇妙的巧合。

上海博物馆大厅中心的楼梯

楼梯扶手的龙头装饰　　　　　　　宝鸡竹园沟出土的西周兽头车辕饰

第五节
海派青铜器模具的制作和案例

能否雕刻出精美的青铜器石膏原型，是决定青铜器优劣的关键性的一步，也可以称之为最有"灵魂"的一步，考验修复师对青铜器修复技艺的深刻理解和掌握。如何能复制出与原型青铜器一样的复制品呢？这就得借助于模具。现在常说的"模范""一模一样"等词，正是由此而来。模具的优劣直接关系到铸件的优劣。青铜器模具的设计及制作不但要考虑如何把原型中的复杂造型、精美纹饰以及各细节原封不动地复写下来，还要考虑模具如何从复杂的造型上顺利取下而不变形，并且可以再次组装。

随着材料与技术的革新，青铜器修复与复制使用的模具材质也从早期的泥（陶）质、石质、木质、金属质发展到石膏、硅橡胶等材质，并逐渐由传统的接触式翻模向更安全的非接触式发展。

一、石膏模具

石膏模具通常指的是使用石膏作为主要材料制成的模具，具有多种优点，比如良好的成型性、吸水性以及成本较低等，广泛应用于建筑、雕塑、医学等模型制作领域。天然石膏是硫酸钙与水的化合物，被称为二水石膏，即生石膏。天然石膏必须经过粉碎和炒制两大工序，由生石膏加热到107～170℃失水后磨细而成，形成半水石膏（又称熟石膏）。模型制作使用的是熟石膏，根据实际需求可自行调配。

石膏分型模具又称石膏分块模具，主要是用于布满纹饰且及不规则的器物，根据器物外形的起伏与角度变化，合理设计分型面，运用镶块、滑块、抽芯等分型方法可以使硬质石膏外模更容易活取脱模，形成既可拆散，又能组装的石膏模具。器型越复杂，对模型的分型要求越高，无疑也最能体现修复师高超的模具制作技艺。模具的设计制作是伴随青铜器铸造工艺一起流传下来的古老工艺，上博青铜器修复团队的精密石膏翻模法，模拟古代陶范法的制模方法，极具特色。这里以黄仁生先生制作的商晚期羊觥石膏原型为例，介绍活块内模及外范的制作。两羊角另做后组装。

羊觥石膏原模型（黄仁生制）

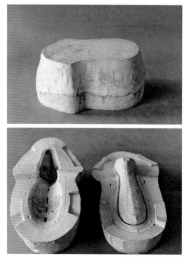

盖的模具

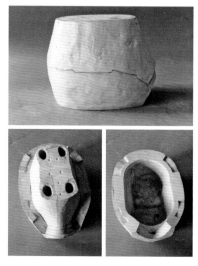

器身模具

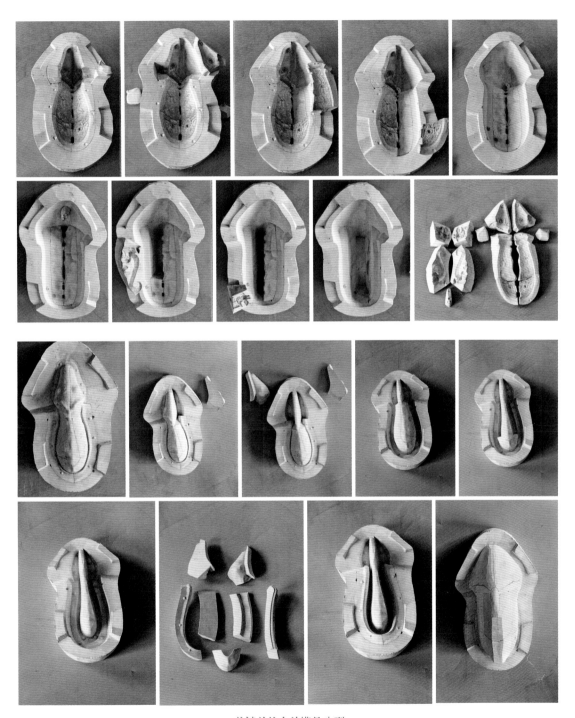

羊觥盖的内外模具分型

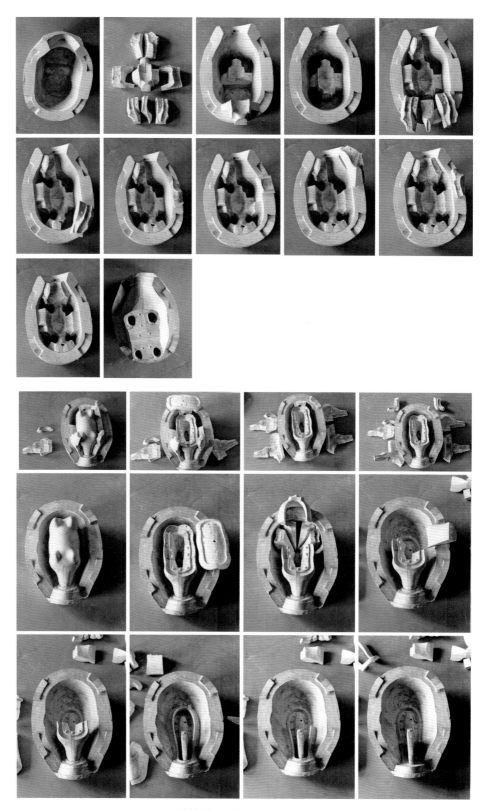

羊觥器身的内外模具分型

◌ 石膏分型模具外范制作

首先对母模（器物原型模）按不同取范方向，设计分块模的范线，分别翻制各块范。在母模表面涂刷分型剂，在母模周围用橡皮泥或油泥片围挡预制块范的范围，灌入石膏浆料并埋入加强材料和预制的带有钩拉的铁丝，以便用钩子辅助起模，每一块活范在石膏硬化后需先行起范，对周边进行修整并开设定位榫头，再放回原位处与母模紧贴合。然后翻制第二块活范，如此按顺序进行，直到完成所有预定的活块范。这些块范合拢后，在外部制作整体外托范，至此，整个外范翻制完成。

◌ 石膏分型模具内模制作

先在外模内部贴一层橡皮泥，此泥厚度就是待铸器壁的厚度。内模设计思路：一般器底位和顶部各做一大块，做为主托范，在主托范内部包裹着一圈活块范，便于不同方向的取范，以器物口沿为分界线做上下两部分的主托范，各个小范块就被包裹在上下两部分的各自托范内。在上半部分顶部整体托范上钻孔，在上半部分器底位的大块上挖洞嵌埋入金属连接件，可通过孔与外托范相互连接固定。由于处于中间位的每一块活范制作是在石膏硬化后修整，开设了定位榫头确保严丝合缝不会移动，在上下左右各方向力的牵制下，合拢拧紧连接件，各模块就成为一个整体内模。对有铭文的器物，需要单独对铭文处翻制雕刻成小块的原型模，再以此原模为基础翻制出小块带凸起铭文的石膏嵌入活模中。

需要特别注意的是，起范的操作是有方向性的，定位榫头必须遵循无倒角的原则，在制作分型范块时按起范顺序对分块活范进行编号，便于提取。

二、热塑模具

热塑模具最初应用于医用齿科的模型制作，具有快速安全、无毒无害、可逆性强、价格低廉等优点，还可以随意捏成各种形状。常用的热塑性模具材料有打样膏和可塑土。

◌ 打样膏

打样膏是一种用于牙科的翻模材料，主要成分为萜二烯树脂、硬脂酸、滑石粉、锌钡粉等。在常温下打样膏硬而脆，但置于80℃左右水中软化后便可随意塑形和压模，待恢复坚硬常温状态后便可脱模。20世纪60年代上海博物馆青铜器修复师黄仁生先生最早将牙科用红白打样膏应用于青铜器修复与复制的翻模中，其后在国内文物修复界推广。

◌ 可塑土

可塑土是一种具有良好生物相容性的新型环保材料，此材料耐水、耐火、耐油、耐酸碱，具备较好的耐久性和稳定性，遇热 60~80℃热熔可塑，冷却后则变成硬塑料材质，因此被称为可塑土。它可以在不需要任何化学添加剂的情况下，通过简单的加热和冷却进行塑形和定型，非常适合 DIY 手工制作和模型制造领域，特别是各类小器物及各种装饰品的制作，但不适合翻制大型工艺品。

打样膏　　　　　　　　　打样膏做模具　　　　　　　可塑土

三、硅橡胶模具

模具用硅橡胶是有机硅室温双组分模具胶，简称 RTV，俗名矽利康，这是一种双组分化合物。其中 A 组分含交联剂，B 组分含催化剂。在包装的过程中，交联剂与催化剂必须分开。它们的硫化是在室温下进行，只要将两组分按照一定的比例混合（具体比例可根据操作时间及产品性能确定），两组分化合物发生交联反应，形成柔韧、弹性的胶体。为了增加硬度，一般用滑石粉作填料。若用白炭黑作填料，在机械强度、撕裂强度和均匀度方面都有显著提高。硅橡胶模具属于柔性模具，复制模时，可不用考虑拔模斜度，不会影响尺寸精度，有很好的分割性，不用分上下模，可直接进行整体浇注。

· 良好的化学稳定性，无毒、无腐蚀性。

· 流动性好，能自动充满模具。

· 可控制硫化速度，室温常压下硫化，便于操作。

· 良好的脱模性。

· 仿真性强，纹饰逼真。

· 制模速度快，一般在 20 小时内即可制成模具。

笔者钱青自小学习美术，有雕塑专业背景，通过对传统石膏分型模具的学习和理解，从雕塑翻模中习得硅橡胶制模方法，经过深入研究，形成一套行之有效的翻模方法，改进后应用于实际修复工作中，一直沿用至今，可以应用于不同样貌、不同材质器物的模型翻制。把硅橡胶模的制造与离心铸造相结合，可大地提高了离心铸造的生产能力，铸件的材质可以是蜡、树脂类塑料乃至低熔点合金。目前 RTV 应用在模具制造和古代青铜器的复制等方面已有很大进展。

具体操作

（1）硅胶与固化剂搅拌均匀：硅橡胶外观是流动的液体，A 组分是硅胶，B 组分是固化剂，比例 100：2，混合均匀。硅胶与固化剂一定要搅拌均匀，如果没有搅拌均匀，模具会出现有的已经固化，有的没有固化，影响硅胶模具的使用寿命及翻模次数。

（2）抽真空排气泡处理：硅胶与固化剂搅拌均匀后，进行抽真空排气泡环节。抽真空的时间不宜太久，一般不要超过十分钟，否则缩短了硅胶固化后的操作时间，且抽真空时间太久，硅胶固化时产生交联反应，使硅胶变成一块一块的，无法进行涂刷或灌注，造成浪费。

（3）涂刷操作：把抽排过气泡的硅胶，以涂刷或灌注的方式倒在产品上面（在倒硅胶之前一定要给复制的产品或模型涂脱模剂或隔离剂），涂刷一定要均匀，30 分钟后粘贴一层纱布来增加硅胶的强度和拉力。然后再涂刷一层硅胶，再粘贴一层纱布，重复两次。这样做出来的硅胶模具使用寿命及翻模次数相对要提高很多，可以节省成本，提高效率。

（4）外模的制作：将模具四周用胶板或木板围起来，再用石膏将模柜灌满。另一种方法是采用树脂涂刷的方式，涂刷一层树脂就粘贴一层玻纤布，再涂刷再粘贴，反复两三层就可以完成外模模具。

（5）灌模或灌注模的操作方法：灌模或灌注模是用于比较光滑或简单的产品，没有模线省工、省时，将要复制的产品或模型用胶板或玻璃板围起来，将抽过真空的硅胶直接倒入，待硅胶干燥成型后，取出产品，模具就成型了。灌注模一般采用硬度比较软的硅胶来做模，这样脱模比较容易，不会损坏硅胶模具里面的产品。

· 上述的硅橡胶翻模操作对没有高出突、镂空的器物很有效，但不适合用于有耳、鋬等青铜器的翻模，实际操作时可以结合石膏分型模的原理，用硅橡胶分块翻制，后期组装。如复制卷体兽纹簋时，簋身就是对半分模，模簋耳另制对半模，分别制作后再组装。

石膏原型

硅橡胶和石膏的复合模具

上海博物馆西周卷体兽纹簋

四、模具制作案例

案例 1 钱币模具的制作

为上博教育部的活动用钱币设计制作一批钱币模具。针对这类薄片类小器型，一般翻制对半模即可，选用硅橡胶翻制模具。

操作步骤·（1）在桌上放一张塑料薄片，其上铺一层薄薄的橡皮泥，器物表面先涂一层脱模剂，然后按压在橡皮泥之上，压实后把器物轮廓以外的橡皮泥剔除。这样钱币就服帖地贴敷在塑料薄片上，不会移动。钱币周围（10毫米左右）用橡皮泥围一周围栏，压实，高度高于器物最高点10毫米。

（2）硅橡胶与固化剂以100：3的比例调匀，浇一些在器物表面，有深凹的地方可以用油画笔戳入涂满，然后把整张塑料薄片连同上面的器物模型一起放在真空台上，先开动震动，一边震动一边把余下的硅橡胶涂盖过器物最高点5毫米以上，然后抽真空。这时会有大量气泡从底部往上冒，1~2分钟后气泡被完全抽出，硅橡胶表面趋于平静。从真空台上取下，如还有微小的气泡在最上层，用针尖戳破，等待其固化。固化时间根据固化剂量和温度高低会有不同。等若干小时后，硅橡胶固化，完成一半的范模。

（3）取下底部的塑料薄片和其上的橡皮泥。清理干净橡皮泥的残留物。用小刀在硅橡胶模具边缘切几个凹槽，作为榫卯，在合范时对照，不容易走形。然后在硅橡胶表面涂脱膜剂，重复之前的操作（1）（2）（3）直到完成另外半个范模。

钱币模具的制作

- 如硅橡胶固化后比较柔软，硬度不够，需要另外制作石膏脱模与支撑，起到不变形的作用。如果选用的硅橡胶固化后有一定的硬度，能够起到支撑作用就不需要另外翻制石膏作为托模。

（4）清洗和整修模具。

案例 2　唐思惟菩萨铜像石膏模具的制作

唐思惟菩萨像，铜质鎏金，以失蜡法铸成。铸工精湛，发丝眉目历历可见，璎珞飘逸，手指纤细（宽度不到 1 厘米），圆形台座上的莲瓣装饰线条纤细流畅且清晰，衣裙褶皱随体起伏，质感逼真，体现出青铜铸造的高超工艺。此石膏模具制作难度极高，模型的分型不是简单的对半分。

用石膏翻模·先要把璎珞处的空隙用陶泥填满、抹平，用陶泥围好要翻制的范围。分型思路分正、反、左、右、上、下，共 6 面（6 块），但正面一块是无法一次取范的，必须分步走。正面胸腹部和一侧腰部要先各做 1 块范，可以先提取抬手部分的手指和手臂的璎珞部分，其外再套翻正面的部分外范，然后与左、右、后侧的外范合拢，再翻上、下的套范。

注意：接缝处要加榫卯的固定位置，防止移动带来的误差。从底部浇浆料。

用硅橡胶翻模·先确定分模线，其中璎珞、腰等空隙部分的模线用自制插片分割，分先后两次翻制。用柔软性好的硅橡胶直接涂抹在器物正面的表面，敷纱布一层，再涂硅橡胶一层，再敷一层纱布，反复到 2～3 层纱布，等待硅橡胶固化，在硅橡胶外翻石膏托模，起支撑作用，防止变形。翻面后翻制反面的模具。先把填补空隙的插片取出，在分模线接缝处的硅橡胶和器物上涂一层脱模剂，然后如之前一样涂调好一层的硅橡胶敷一层纱布，反复 2～3 层后等待硅橡胶固化，外翻石膏托模。取出器物，修整模具。用橡皮筋拉紧固定模具后把底部朝上，就可以浇灌石膏浆料制模型了。

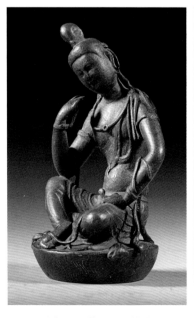

上海博物馆藏唐思惟菩萨像

石膏原型

案例 3　青铜羊灯石膏模具的制作

　　身体浑圆，坐卧姿态，憨态可掬，中国古代"羊"与"祥"通用，以羊形作灯寓意吉祥。整件器物分为两部分，羊背设计成可活动的灯盘，羊体中空部分用以储存油脂，器身上有浅纹饰。此件器物原型模具的制作难点在于羊体内是空的。选用打样膏翻模制作石膏原型。这里翻模材料选用打样膏是因为其成型快，且适用浅纹饰。

上海博物馆藏汉青铜羊灯

制作雕刻的石膏原型

案例 4　失蜡法铸造的工艺流程模型

　　上博青铜陈列馆的失蜡法铸造制作汉鎏金蟠龙透雕铜熏炉的工艺过程模型（165页），再现古老失蜡法工艺。通过泥塑、翻模、雕刻、修整石膏等工作完成原型的模具出样。

上海博物馆藏汉鎏金蟠龙透雕铜熏炉　　　　　　　石膏原型

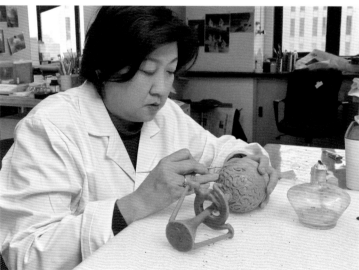

蜡模　　　　　　　　　　　　　修蜡

第五章
海派青铜器修复技艺在其他
材质文物修复中的应用

中国古代青铜器修复技术与金石学的发展是联系紧密，相辅相成的。金石学是中国考古学的前身，以古代青铜器和石刻碑碣为主要研究对象的一门学科，偏重于著录和考证文字资料，以达到证经补史的目的，特别是其上的文字铭刻及拓片；广义上研究对象还包括竹简、甲骨、玉器、砖瓦、封泥、兵符、明器等一般文物。金石学形成于北宋时期，欧阳修是金石学的开创者，其学生曾巩的《金石录》提出过"金石"一词。清代王鸣盛等人，正式提出"金石之学"这一名称。青铜器一直以来都是金石学研究的范畴，被归为金石类，所以金石类文物的修复都会涉及青铜器修复。另外，由于青铜器的装饰艺术丰富多样，使青铜器修复要解决的问题也随之增加，如青铜剑剑首、剑格有玉作为装饰材料，更有以玻璃（琉璃类制品）、天然有机宝石等为青铜器装饰材质的。因此，上博青铜器修复工作除了青铜器以外，目前已涉及其他材质的文物有：石像、甲骨、玉器、砖瓦、封泥、鎏金器、银器、金器等。虽然材质不同，但修复理念相同，修复技法也有相通之处。

一、带金装饰类文物修复

案例 1　铜贴金佛像

上海松江圆应塔出土的铜贴金佛像，腐蚀严重，要求除锈的同时，尽量多保留金层，提高展陈效果。经过不断比较，决定选用超声波去锈法小心去除金层表面的腐蚀，在整体去锈的情况下，尽可能地保留金层。最终几乎全部清除了佛像上的锈蚀物，有效防止锈蚀对基体的再次腐蚀，也尽可能多地保留了金层部分，提升了展陈效果。

修复前　　　　　　　　　修复中　　　　　　　　　修复后

铜贴金佛像

案例 2 清代铜鎏金胜乐金刚像

清代铜鎏金胜乐金刚像，上海历史博物馆藏，修复任务主要是清洗。运用蒸汽加热清洗法效果明显。

修复前

修复后

铜鎏金胜乐金刚像

案例 3　铜鎏金观音立像

　　上海松江李塔出土铜鎏金观音立像，腐蚀严重，要求除锈后提高展陈效果。通过显微观察此像表面金层光整贴敷，明显为鎏金工艺相，检测立像表面有汞元素。清洗后发现发髻等处有少量黑彩，为了避免黑彩在去锈时被去锈液浸泡而酥松脱离，最后采用超声波去锈法进行局部去锈。

修复前　　　　　　　　　　　　　修复后

铜鎏金观音立像

案例 4　塔形鎏金银片

　　上海郊区出土塔形鎏金银片。用化学方法去锈后用离子水洗净。塔身四周和顶部，恢复了原貌。

塔形鎏金银片修复前后

二、金银器类文物修复

案例 5　水晶片银边眼镜

　　水晶片银边眼镜，上海历史博物馆藏，为近现代红色革命文物。修复要求是去污，提高展陈观感。用洗洁精浸泡去除眼镜上的油污等杂质，把眼镜放入超声波清洁机清洁效果较好。

修复前　　　　　　　　　　　　　　　　　　修复后

水晶片银边眼镜

案例 6　白玉金耳环

　　白玉金耳环，上海博物馆藏。修复要求去污，提高展陈观感。最终选用超声波清洁，清洗效果较好。

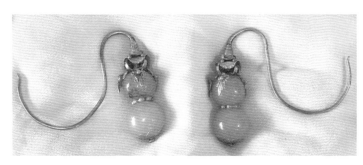 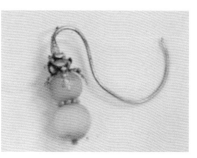

白玉金耳环送修时　　　　　　　　　　　　　　洁除中

案例 7　少数民族首饰

　　少数民族首饰，上海博物馆藏。送修时各首饰配件都有缺损，重新翻模，尝试用高分子材料制作补缺件，解决了不同材质的修复问题，得到了很好的效果。

少数民族首饰修复后

三、贝螺类文物修复

案例 8 战国鎏金鹿形镇

战国鎏金鹿形镇，上海博物馆藏，1998 年送修。这是 A、B、C、D 四件一套（组）的席镇，以鹿为原型。鹿前脚跪卧，后脚下蹲，做仰头观望状，头紧靠高高隆起的鹿背。鹿身底部为铜质鎏金，鹿角为银质插入式，鹿背为螺壳镶嵌于铜质的鹿身底座中，螺壳内填充置满细沙颗粒增重以确保镇子的功用，设计非常巧妙。造型生动，颜色丰富，既有金黄、银白、贝壳的白色、斑点的黑褐色及中间过渡带的各种棕色，又有金属及贝类的光泽，如果在阳光或灯光的照射下呈现的颜色会更加美艳夺目。

修复原因主要是螺壳破损，影响展陈效果。修复工作也是围绕螺壳材质的做色展开。除了传统的做色方法以外，还使用了喷绘法，类似瓷器的做色方法。步骤为粘接后打磨光整，磁漆调色后使用喷笔在需做色的螺壳表面喷绘，如同做青铜地子色方法一样，只是把绘画换成喷绘的方式，最后喷绘鹿身斑点色。有了这次修复的经验，后来在青铜器的做色上一直有用到喷绘的做色方法。

修复前

修复后

战国鎏金鹿形镇 A 件

修复前　　　　　　　　　　　　　修复后

战国鎏金鹿形镇 B 件

修复前　　　　　　　　　　　　　修复后

战国鎏金鹿形镇 C 件

修复前　　　　　　　　　　　　　修复后

战国鎏金鹿形镇 D 件

四、石质文物的修复和复制

案例 9　商晚期玉梳

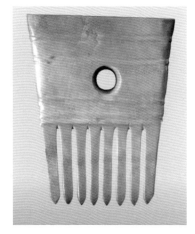

商晚期玉梳修复后

商晚期玉梳，上海博物馆藏。表面色泽为"鸡骨白"沁色，梳背中间钻孔，孔圆规整直径约1厘米，下有八齿，其中有一梳齿断裂缺损，需修复后展陈。修复方案为用环氧树脂粘接，高分子材料补缺后做色。运用毛笔和喷笔相结合的方法做色。图为修复后效果，此玉梳自修复后一直陈列于上海博物馆玉器展厅，至今未变色。

案例 10　玉章

玉章复制件

河南文字博物馆要求复制的一枚玉章。此玉章颜色通透，质感温润，复制的难点在质感，最终用硅橡胶翻制模具，高分子材料复制玉章后再做色。色彩的通透和温润的质感是这枚玉章复制成败的关键。反复多次试验，用透明高分子材料加入一点填充粉料，再加入色粉调匀，用真空机抽出多余空气，灌入模具后得到复制件，再做色。玉章上的石纹尝试用笔画或直接用色粉在复制的基体上勾勒。为了便于操作，可分段制作上、下两部分后再拼合。分段制作的效果更佳。

案例 11 唐汉白玉释迦牟尼坐像

唐汉白玉释迦牟尼坐像，上海博物馆藏。坐像颈部、底座与佛身断为三段，需修复后展陈。修复方法为清洗后粘接做色。

修复前

修复后

唐汉白玉释迦牟尼坐像

案例 12　释迦多宝二佛石像

释迦多宝二佛石像，上海博物馆藏。修复前佛头及底座一侧有大面积缺失，底座背面缺失中心装饰小柱，需修复用于展陈。采用对石质文物安全高效的蒸汽加温清洗。佛头由于没有依据暂时不修。从文物安全性考虑，采用不接触的3D扫描打印技术对石像底座的缺失部分做重建。经比较筛选，打印材料确定选用色彩为白色，与陶瓷和石质最相仿的一种粉末型可熔融材料。连接方式上考虑连接底座和打印件的接触面积够大，采用环氧树脂粘接。

修复前

清水清洗

蒸汽清洗后左右佛身对比

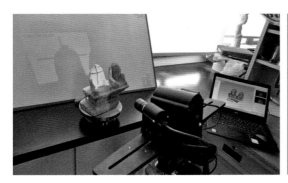

3D扫描

3D打印补缺件

拼接补缺件

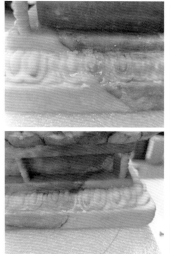

在粘接缝隙处添加环氧树脂　　　　雕刻缝隙部位的纹饰，并对打印件上的纹饰做精细雕刻加工

释迦多宝二佛石像修复后

案例 13 上博石雕

1993 年上海博物馆人民广场馆筹备时，马承源馆长从数百件馆藏汉唐石刻中精选出八件，构思"神兽守馆"作为博物馆门口的石雕。笔者钱青利用修复技艺，先对缺损足加以修复，再制作石膏原型，复制了其中一件南朝石狮，并以此尝试研制用石粉加黏结剂制作上博特色文创产品。之后，此原型由雕塑家陈古魁先生做成大样，河北雕塑之乡石匠依样打制，成为驻守上海博物馆南大门的八大神兽之一。

上海博物馆门口的大型石雕

上海博物馆藏南朝石狮

等比例石膏原型

修复在辨伪中的作用

掌握青铜器修复技艺对于辨别真伪具有重要作用，通过在修复时的观察，可从以下几个方面来辨伪。

造型：掌握各时代、各类器物的型制特点是辨伪的基础。

铸造：根据青铜器铸造工艺的特点，观察有无范线（有范线是陶范法铸，无范线为失蜡法铸）、有无铸造缺陷、有无垫片，器足、耳中间有无内范作为连接内外范的支撑等，来判断真伪。

声音：敲击青铜器，老铜器声音浑浊低沉，新铸器声音清脆。

重量：青铜由于铜质矿化有减重现象，轻的为老器，重的为新器。

铭文：铭文的情况比较复杂，有器铭皆伪、真器伪铭、伪器真铭（铭文部位用正铭文的残片拼接）、真铭增刻伪铭、镶嵌伪铭、腐蚀伪铭（近代用硝酸等强酸腐蚀出铭文）等情况，需要注意辨别。

纹饰：比对同时代器物的纹饰特点。纹饰的作伪类型与铭文作伪类似。

皮壳：通过氧化层分布和各层次变化情况辨别。

锈蚀物：观察铜锈的状态，铜锈的各层次递进变化判断。

纹饰为伪，兽头及口沿为真

附 录

附录 I
中国古代青铜器的器型

一、食　器

　　青铜食器是青铜时代最正式的餐饮用具，按功能性可分为烹煮器、盛食器、挹取器、切肉器等。青铜食器不仅是人们日常的餐饮用具，也是贵族进行礼制活动的重要礼器。青铜食器种类很多，最常见的有鼎、鬲、甗等，商代晚期食器种类和数量有所增加，新出现了盂、豆等器物，西周早期延续这一趋势并有极大发展，出现了以方座簋为代表的典型周文化器物。由于政治制度、宗教礼仪的相异，西周产生了与商代晚期不一样的重食礼器的体系。如西周中期开始，礼器中食器的组合更加完善，新出现了盨、铺、盆、簠等器物，以"列鼎"为核心的礼器制度得以确立，西周晚期以后，鼎、簋等器型出现了程序化的倾向。

1. 鼎（dǐng）

　　青铜鼎主要用途是烹煮肉食、实牲祭祀和宴享等。鼎的造型最初是由石器时期陶制炊具演变而来的。因此"鼎"最初的意思就是指烹饪容器。许慎在《说文·鼎部》中对鼎的解释是："鼎，三足两耳，和五味之宝器也。"同时，鼎又是行用时间最长的青铜礼器，为国之重器。按照礼制组合成的所谓"列鼎"（一组造型、纹饰相同，按大小依次排列的鼎），"天子九鼎，诸侯七，大夫五，元士三"。随着这种等级、身份、地位标志的逐渐演变，用鼎制度逐渐成为王权的象征、贵族身份等级差别的标志。鼎的款式非常丰富，除了最常见的圆鼎、方鼎外，还有鬲鼎、扁足鼎、流鼎、异形鼎等。

中国国家博物馆藏商后母戊方鼎　　上海博物馆藏西周大克鼎（潘达于捐赠）宝鸡博物馆藏西周中期刖人守门异形鼎

2. 甗（yǎn）

甗是蒸食器，由上部的甑和下部的鬲两部分组成。陶甗最早出现于新石器时代。甑用来盛放稻、粱等食材，鬲用来煮水，高足间可烧火加热。甑与鬲之间有带通气孔的箅子隔开。青铜甗始见于商代中期，一直沿用到战国晚期，可分为联体和分体两类，商和西周时期多为联体，西周时期出现方形甗。

上海博物馆藏西周早期母癸甗　　上海博物馆藏战国晚期攻武使君甗

3. 鬲（lì）

鬲是饪食器，功能及用途与鼎相似，始见于商代早期，是在陶鬲的基础上发展而来，西周早期至战国时期比较盛行。鬲的基本形制为侈口，袋形腹，其下有三个短足。鬲的定名源自其自铭。《尔雅·释器》：鼎之款足者谓之鬲。《汉书·郊祀志》：鼎之空足曰鬲。据研究，袋形腹的作用主要是为了扩大加热面积。

首都博物馆藏西周早期伯矩鬲　　上海博物馆藏西周中期兽面纹鬲

4. 簋（guǐ）

簋是盛食器，用于盛放煮熟的稻、粱、稷、黍等饭食。形制一般为圆腹、圈足，有耳2~4个，流行于商朝至东周，是中国青铜器时代标志性青铜器具之一。簋的定名源自自铭。青铜簋始见于商代早期。西周时期，簋与列鼎制度一样，通常在祭祀和宴飨时以偶数组合与以奇数组合的列鼎配合使用，如天子用九鼎八簋，诸侯七鼎六簋，大夫五鼎四簋，元士三鼎二簋。簋是行用时间较长的青铜礼器之一。有些簋不但是礼器、葬器，还具有重要的历史意义。

中国国家博物馆藏西周利簋及铭文　　　　　　　　　上海博物馆藏西周卷体兽面纹簋

5. 盂（yú）

盂是大型盛食器，还可盛水、盛冰、盛酒，侈口深腹似大簋，下承圈足或象足。《说文解字》："盂，饭器也"说明盂是食器；《史记·滑稽传》："酒一盂"说明盂亦是酒器；《韩非子·外储篇》："君犹盂也，民犹水也。盂方水方，盂圆水圆"说明盂也是水器。从这些记述来看，说明盂的多种用途是结合着自身大小而定，和器形自身无关。盂出现于商晚期，流行于西周，春秋时期渐少。

中国国家博物馆藏西周夨侯盂　　　　　　　　　上海博物馆藏春秋晚期变形龙纹盂

6. 簠（fǔ）

簠是盛食器，是用于盛放黍、稷、粱、稻等饭食的方形器具。《周礼·舍人》："方曰簠，圆曰簋，盛黍、稷、稻、粱器。"《礼·乐记》："簠簋俎豆，制度文章，礼之器也。"簠的基本形制呈矩形器，盖和器身形状相同，上下对称，合则一体，分则为两个器皿。青铜簠始见于西周早期，盛行于西周末春秋初，战国开始衰落，到了秦汉时期完全绝迹，是先秦时期主要的青铜礼器之一。

陕西省周原博物馆藏伯父公簠

7. 盨（xǔ）

盨是盛食器，用于盛放黍、稷、稻、粱等饭食。盨的基本形制近乎簋，但器身呈圆角椭方形、敛口、双耳、圈足，盖可以仰置盛物，一般成偶数组合。青铜盨始见于西周中期，流行于西周晚期，春秋早期已基本消失。

上海博物馆藏西周晋侯盨

8. 俎（zǔ）

俎是切肉或摆放肉食的案子，亦为礼器。先秦时代，俎为祭祀时切牲和盛牲之用具。青铜俎最早出现在商代晚期，由木制砧板演变而来，案面下凹，案下有四支柱足或壁形足。其对后世家具的演变也颇有影响。

山东泰安市博物馆藏西周方俎

9. 豆（dòu）和铺（pù）

豆是盛食器，主要用于盛放肉酱、腌菜或调味品，也可盛放黍、稷等饭食。始见于商代晚期，是行用时间较长的青铜礼器之一。豆的造型类似高足盘，上部呈圆盘或半球状，盘下有柄，柄下有圈足。商周时豆多浅腹、粗柄、无耳、无盖。春秋战国时豆的形制较多，有浅盘、深盘、长柄、短柄、附耳、环耳等各种形状，上面的盖也可仰置盛放食物，亦有方形的豆用途也是一样。《尔雅·释器》："木豆谓之豆，竹豆谓之笾，瓦豆谓之登。"青铜豆盛行于东周时代。史料里记载豆是用来盛"菹"和"醢"的。"菹"，就是咸菜、酸菜之类，"醢"就是肉酱。考古出土的青铜豆中就有发现鸡骨、牛肉等。

铺也是一种盛食器，用于盛放干果或干肉之类的食物。铺的器型与豆相似，器腹为直壁浅盘，边狭而底平，圈足矮而粗，且多为镂空，流行于西周中期至春秋晚期。

上海博物馆藏春秋晚期镶嵌狩猎画像纹豆

上海博物馆藏春秋晚期透雕交龙纹铺

10. 匕（bǐ）

匕是用来挹取食物的匙子。《说文解字》："匙，匕也。"这种餐具部分下凹，可以作为勺子用来舀汤，部分有刃口可以用来分割食物。匕常与食器中的鼎、鬲、簋等同出。比如荆州天星观2号楚墓出土的五件升鼎，出土时鼎内各有一匕，呈尖叶状，这类匕属于牲匕，形体较大，用于将鼎中的肉块挑出，放于俎（类似现在的砧板）上切碎。

陕西周原博物院藏西周中期微伯瘦匕　　　　　荆州天星观 2 号楚墓出土升鼎与匕

11. 敦（duì）

敦是用于盛放黍、稷、稻、粱等饭食的盛食器，出现于春秋中期，流行于春秋晚期和战国时期，秦以后消失。敦由鼎、簋的形制结合发展而成，不少青铜敦器盖与器身完全相同，合在一起可成为一个球体，但也有上下不完全对称的情况。敦很早就已经从盛储器演变成了礼器，东周时期已逐渐取代了簋的地位，与鼎配合使用。

上海博物馆藏战国镶嵌几何纹敦　　　　　上海博物馆藏春秋早期垂鳞纹镄
　　　　　　　　　　　　　　　　　　　　　（范季融、胡盈莹捐赠）

12. 镄（fù）

镄是饪食器，用于炊煮食物，主要流行于北方草原地区。

二、酒　器

中国酒文化源远流长，二里头文化时期已有少量青铜酒器出土。商代早期和中期的酒器日益丰富，在爵、斝等基础上，新出现了觚、尊、壶、瓿等器类，三件成套的爵、觚、斝的礼器组合基本形成，反映了商代重酒的祭祀制度初步确立。随着殷商时期酿酒业的发展与青铜器制作技术的成熟，围绕着酒的青铜器皿在此时达到前所未有的繁荣。西周中期开始，酒器种类和数量锐减，这是周人逐渐改变商代重酒体制的结果。罍是新出现的大型盛酒器。西周王室虽然严令禁止酗酒，但在礼仪场合中，酒仍然是不可缺少的祭品。与自铭定名居多的青铜食器不同，青铜酒器自铭较少，器型定名多为宋人考据而定。

1. 角

角，饮酒器。"角"的定名始于宋人。角的造型、功能及使用方式都与爵相似，不同之处是口沿无柱，流变成与爵尾相同的尖形角状。有些角有盖。存世数量很少。《礼记·礼器》："宗庙之祭，贵者献以爵，贱者献以散，尊者举觯，卑者举角。"角与爵均始见于夏代晚期，流行于商代晚期至西周早期。春秋初期的墓葬有出土仿制的西周早期青铜角、卣、尊等器型。

上海博物馆藏商晚期角　　　　　　　　　　　　河南博物院藏西周父乙角

2. 爵（jué）

爵，最早出现的青铜酒器和礼器。二里头文化到西周早期爵的器型具有明显的标示性。前端有流，后部有尖状尾，流与口之间有立柱，杯形腹，腹部一侧有鋬，下有三个锥状长足。西周晚期以后三足爵便踪迹罕见，反而出现了一种斗形爵，继而成为东周时期出现的一种雀斗型杯的雏形。

上海博物馆藏西周早期龙爵　　　　　　　上海博物馆藏商晚期爵

3. 觚（gū）

觚，饮酒器和礼器。侈口、细颈、呈喇叭形状。陶觚最早出现于新石器时代，青铜觚始见于商代早期，盛行于商代，是商代青铜礼器的核心器物，西周后逐渐消失。考古发掘中，觚经常与爵伴随出土，可见在当时酒文化与礼制中，觚与爵为组合使用。

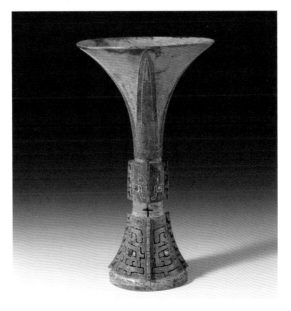

上海博物馆藏商晚期黄觚

4. 觯（zhì）

觯，饮酒之杯。觯形似尊而小，或有盖，是中国古代传统礼器中的一种，流行于商朝晚期和西周早期。觯作为器名见于东周礼书。

上海博物馆藏商晚期父乙觯　　　　　　　上海博物馆藏西周早期父庚觯

5. 斝（jiǎ）

斝，一般为盛酒行裸礼之器（裸酒器），兼可温酒。其形状像爵，但比爵大，器身有圆有方，有鋬，双柱，平底之下有三或四个锥足，有些斝有盖。斝始见于夏代晚期二里头文化时期，流行于商晚期到西周早期，其后逐渐消失。

英国康普顿弗尼美术馆藏商代鸮方斝　　上海博物馆藏商晚期兽面纹斝

6.尊（zūn）

青铜尊为高体的大中型盛酒器，高圈足、鼓腹、侈口，形体较宽，口径较大，器型与陶器或原始青瓷的大口尊有关。尊自商代出现至西汉消亡，伴随着整个青铜时代酒器的盛衰，其地位始终没有被别的器物代替。这与尊代表一种较高的社会地位有关。尊的器型可分为有肩尊、无肩尊、动物尊。

上海博物馆藏商晚期佳父癸尊

其中一类形状似动物的特殊盛酒器称之为动物形尊。器型大都模拟鸟兽形状，又称为"鸟兽尊"。《周礼·春官·司尊彝》："司尊彝掌六尊、六彝之位，诏其酌，辨其用，与其实。"六尊：牺尊、象尊、壶尊、著尊、大尊、山尊。六彝：鸡彝、鸟彝、斝彝、黄彝、虎彝、蜼彝。青铜动物尊在殷墟前期开始出现，到殷墟晚期到西周时代是青铜动物尊制作的最发达时期，种类繁多，出现了牛、犀、羊、猪、象、鸟、鸭、驹、鱼、虎、兔、貘、凫以及一些神奇动物的尊形。动物尊数量和种类的增多，与当时礼乐制度有着密切的关系。

山西博物院藏西周晋侯鸟尊　　　河南博物院藏商代妇好鸮尊　　　日本根津美术馆藏商晚期双羊尊

法国吉美亚洲艺术博物馆藏商晚期象尊　　　山西博物院藏西周晋侯兔尊

上海博物馆藏春秋牺尊　　　宝鸡青铜器博物院藏西周鲤鱼尊

7. 卣（yǒu）

卣为商周时期重要的盛酒器。卣的基本形制多为短颈、筒状主体、带盖，下有圈足，并有提梁，主要用来盛放郁金草调和的黑黍酒。卣始见于商代前期，商代晚期至西周早期比较盛行。卣的形状有直筒形、方形、椭圆形以及动物形状的卣。

上海博物馆藏商豕卣

法国巴黎池努奇博物馆藏虎卣

上海博物馆藏西周早期父癸卣

上海博物馆藏商戈鸮卣

8. 方彝（yí）

方彝，盛酒器。形制基本多为方形或长方形，有屋顶形盖，下为圈足。腹有曲的，有直的，有的在腹旁还有两耳。有的方彝内有纵向隔断，将内部空间一分为二，侧壁留有科孔，为方彝是盛酒器提供了有力证据。殷墟妇好墓出土的偶方彝是非常罕见的形式。商代早期已有陶质的类似方形器物出现，铜方彝最早见于商代晚期，流行于商代晚期至西周中期。

上海博物馆藏西周早期父癸彝

陕西宝鸡青铜器博物院藏西周早期户方彝

9. 觥（gōng）

觥，盛酒器，以铜或木、角质的材料制成。觥的器型特征是形似匜，前部有流，后部有鋬、盖，盖多兽首造型。有的觥内有横向隔断，将内部空间一分为二，有的觥则内附有科，为觥是盛酒器提供了有力证据。觥盛行于商末周初，西周中期以后渐趋消失。

上海博物馆藏西周父乙觥

10. 罍（léi）

　　罍，大型盛酒器或礼器。罍出现于商代晚期，流行至西周中期，有方形和圆形两种形式。罍的标志性特征一般在器腹一侧的下部有一个穿系用的鼻。《周礼·春官》："凡祭祀，社壝用大罍。"

上海博物馆藏商晚期亚父方罍

上海博物馆藏商晚期宁罍

11. 醽（líng）

　　醽是一种少见的大型盛酒器。器型上醽似罍，但不设鼻。青铜醽始见于西周中期，流行于西周晚期至春秋晚期，器型逐渐由高变低。

上海博物馆藏西周中期仲义父醽

12. 壶 (hú)

壶有盛酒之壶和盛水之壶。《诗经》中"清酒百壶",《孟子》中"箪食壶浆"指的皆为盛酒之壶。青铜壶自商代中期开始出现,流行于西周至汉代或更晚。壶的款式很多,有圆形、方形、扁形、瓠形和圆形带流等多种形状。

上海博物馆藏春秋晚期鸟兽龙纹壶

河南博物院藏新郑李家楼郑公大墓出土春秋莲鹤方壶

13. 瓿 (bù)

《说文解字》中写道:"瓿,甂也。甂,似小瓿,大口而卑,用食。"青铜瓿来自陶瓿,在商代早期已经出现,流行于商代晚期。青铜器中无自铭为瓿者。器身常装饰兽面纹、乳钉纹与云雷纹等纹饰。瓿的用途颇有争议,有盛酒、盛酱料、盛肉与谷物等各种观点。

上海博物馆藏商四羊首瓿

14. 缶 (fǒu)

缶，盛酒器、盛水器。大腹小口，有盖是其器型特色。《说文解字》解释："缶，瓦器，所以盛酒浆，秦人鼓之以节歌。"青铜缶源于陶缶。流行于春秋晚期至战国时期。

上海博物馆藏战国早期几何纹盥缶　　　　随州市博物馆藏战国曾侯丙方缶

15. 盉 (hé)

盉的器型源自陶盉。盉一般为硕腹，有盖，前有流，后有鋬，下有三足或四足，盖与鋬之间有链相连接。对于青铜盉的功能，东汉许慎在《说文解字》中说："盉，调味也。"有研究认为盉是酒器，在早期可能用来盛调酒水以调酒味的浓淡，这种调酒水古人称之为玄酒。但是在商代晚期时，盉就常与水器盘同时出现在随葬器中，因此它同匜一样，可用来盛水盥洗，也是一种水器。盉始见于夏代晚期，至汉代仍比较流行。

上海博物馆藏春秋中期龙流盉　　　　上海博物馆藏春秋晚期吴王夫差盉

宝鸡石鼓山出土枓

16. 枓 (dǒu)

枓为挹酒器，和盛酒器配套使用，实为取酒浆之器，常和卣、尊等伴随出土。青铜枓始见于商晚期。

17. 禁 (jìn)

禁，器座，是周代贵族在祭祀或宴飨时置放酒器的用具。东汉郑玄在为《仪礼·士冠礼》作注时说："禁，承尊之器也，名之为禁者，因为酒戒也。"青铜禁有方形和长方形两种形式，四面有壁，并有方孔。青铜禁传世和考古发掘都极少见，始见于西周早期，春秋时期偶尔也有禁，流传甚少。

美国大都会博物馆藏西周柉禁

三、水　器

　　水器，古人盛用水的器皿，绝大部分是用于盥洗，因此水器又被称为盥器。它大致可分为承水器、注水器、盛水器和挹水器四种，包括盘、匜、鉴、汲壶和浴缶等。青铜盥水器一般多为敞口造型，体型较大，器壁相对偏薄，容易受到埋葬环境中墓室坍塌等影响，造成挤压变形、断裂、腐蚀等病害。

1. 盘

　　盘为盛水器。商周时期宴飨用之，宴前饭后要行沃盥之礼。《礼记·内则》载："进盥，少者奉盘，长者奉水，请沃盥，盥卒授巾。"商代以前盘用陶制，商代早期出现了青铜盘。西周中期前段流行盘、盉相配。西周晚期到春秋战国则多为盘、匜相配。战国以后，沃盥之礼渐废，盘亦被"洗"替代。

中国国家博物馆藏西周晚期虢季子白盘

上海博物馆藏春秋 子仲姜盘

2. 匜（yí）

　　匜是盥手注水之器，与盘组合使用。匜形多椭长，前有流，后有鋬，多有三足和四足，有的也有盖。据典籍记载，匜的用途是在洗手时盛水，从上而下浇水，下面由盘来承接水。青铜匜最早见于西周中期，流行于西周晚期和春秋时期。

普林斯顿大学博物馆藏西周青铜匜

3. 鉴（jiàn）

鉴，大型盛水器。《说文解字·金部》曰："鉴，大盆也。"鉴初为陶质，春秋中期出现青铜鉴，春秋晚期和战国时期最为流行，汉代出现漆木鉴。鉴形体一般大口、深腹、平底，有兽耳。鉴的用途：盛水；盛冰（《周礼》有"春始治鉴。凡外内饔之膳羞，鉴焉。凡酒浆之酒醴，亦如之。祭祀，共冰鉴"的表述）；沐浴；鉴容照面。

· 青铜冰鉴被誉为世界上最早的冰箱，是古人的无限智慧创造力的体现。战国曾侯乙墓出土冰鉴，是由一个方鉴和一件方尊缶组成的青铜套器，方尊缶置于方鉴内，其底部有长方形榫眼，与方鉴内底的三个弯钩扣合，其中一个弯钩的活动倒钩自动倒下后，可把方壶固定在方鉴里而不晃。冰鉴内的缶是盛酒的"罐子"，主要用来盛酒，到了后期发展为可盛放各种饮品。而鉴就是用来盛冰或冰水的"大盆"，到了炎热的夏季宫人在"大盆"与"罐子"之间装上冰从而使缶内的美酒变凉。因为青铜材质且密封性较好，颇有些像现代的保温桶。

上海博物馆藏春秋晚期的吴王夫差鉴

中国国家博物馆藏战国曾侯乙墓出土冰鉴

四、乐 器

青铜乐器是青铜时代音乐文化中最具代表性的历史遗存。青铜乐器按用途可分为两类：祭祀、宴会等典礼时使用和军队使用。青铜乐器的种类在商代晚期开始增多，出现了成组的青铜铙，通常 3～5 件为一组，具有一定的音律关系，对西周早期青铜编钟的出现和礼乐制度的产生具有深远影响。同时，中原地区以外的青铜乐器也展现出鲜明的地方特色。周人逐渐重视音乐的社会功能，将"礼"与"乐"置于同等重要的地位，制定了以编钟为核心的礼乐组合及其使用的等级规范，使之成为礼乐制度的重要组成部分。

1. 铃（líng）

铃是中国最早出现的有舌青铜乐器。始见于夏晚期，考古资料表明，铃常与镶嵌兽面纹牌饰组合出现。山西襄汾陶寺遗址出土我国迄今考古发现最早的红铜铸的铜铃，作为中国合瓦形铜钟形制的先源，它奠定了商周青铜乐器造型的基础，在艺术史上具有划时代的意义。

三星堆遗址出土编钟形铃

2. 铙（náo）

铙是我国最早使用的打击乐器，形体似铃而稍大，口部向上呈凹弧形，底部置有一个中空圆管状的短柄，与体腔内相通，柄中可置木段。《周礼·地官·鼓人》："以金铙止鼓。"这说明铙是退军时用以指示停止击鼓的。不过，殷墟墓葬中出土的数列三个成组铙，可作为其他乐器相配合的打击乐器。由此可见，商周铙不但用于军队，还可以用于祭祀和宴乐。小型铙流行于商代晚期和西周早期，大型铙流行于春秋时期的吴越地区。

山西博物院藏西周兽面纹铙

3. 钲（zhēng）

钲，打击乐器，形体似铙，较铙狭长，而比铙高大和厚重，考古界俗称为"大铙"。其形状与小型的钟相似，可执柄敲击，几个大小不同的钲组合在一起，成为"编钲"。钲属于军、乐两用乐器，可以演奏音乐或发出比较明确的信号，与近代军号的意义近似，也可用于祭祀和宴乐。

梁带村遗址博物馆藏西周兽面纹钲   镇江博物馆藏战国铜钲

4. 钟（zhōng）

钟，打击乐器。钟的形式是从铙演化而来，始见于西周早期，为流行时间较长的青铜乐器之一。由于钟体造型是合瓦式扁圆体，按物理振动原理，击其鼓部中心和鼓侧，可产生两个不同频率的音，称为双音钟。这种双音钟可以用较少数量的钟，组成较为完整的音阶，演奏效果优美流畅。在中国两周时代，青铜钟的主要功能：其一，用作为宗庙祭祀与宗族宴飨时的乐器；其二，地位较高的贵族在日常生活中亦有击钟奏乐以炫耀其地位的；其三，钟亦可为军中乐器；其四，钟亦有如同一般容器类礼器的用途，即于其上铸铭专以记功烈；其五，在礼乐制度中编钟的数量与悬挂方法也有在贵族阶级中分阶层定名位的作用。西周时代的钟多是成套的，构成一定的音阶关系，按大小次第排列，悬挂起来敲击以奏乐。此种钟在典籍中被称为编钟。

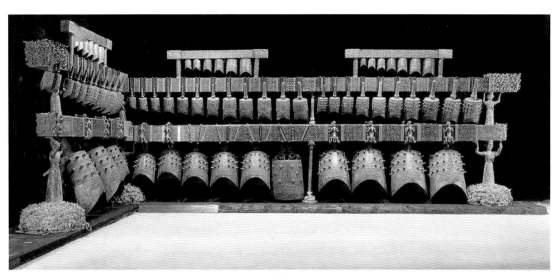

湖北省博物馆藏战国曾侯乙编钟

5. 镈（bó）

镈，大型打击乐器。镈的形制与钮钟相同，但形体较大，是在祭祀或宴飨时与编钟、编磬相和使用的乐器，始见于商晚期，盛行于春秋战国时期，为行用时间较长的青铜乐器之一。镈的器身横截面多为椭圆形。镈为平口，不同于呈弧状的钟口。

上海博物馆藏春秋中期蟠龙纹镈（正面）　　　　上海博物馆藏春秋中期蟠龙纹镈（侧面）

河南博物院藏春秋中期养子伯铎

6. 铎（duó）

铎，一种形状似铃铛的古代撞击乐器，体腔内有舌或无舌。盛行于春秋时期至汉代。《周礼·夏官·大司马》记载："群司马振铎，车徒皆作。"《说文解字·金部》记载："铎，大铃也。军法五人为伍，五伍为两，两司马执铎。"这些文献有力佐证了铎可用于田猎和军旅。

湖北荆门包山二号墓出土的战国透雕龙纹钩鑃

7. 钩鑃（diào）

钩鑃，又名句鑃，是一种手持的打击乐器，其形似钲，盛行于春秋晚期至战国时期，以长江下游吴越地区的江、浙两省出土为多。

南越王博物馆藏西汉铜钩鑃（组）

8. 錞（chún）于

錞于，我国青铜时代铜制军中打击乐器。錞于形如圆筒，上部比下部稍大，顶上置钮。现发现最早的錞于出现于春秋时期。《国语·吴语》曰："鼓丁宁、錞于、振铎。"錞于常与鼓配合，用于战争中指挥进退。《淮南子·兵略训》曰："两军相当，鼓錞相望。"

9. 鼓

鼓，打击乐器，既可用作宴乐礼仪场合的乐鼓，也可用作战场的战鼓。它来源于木质鼓，形如横置的筒形，上有一个枕形座，用以插杆饰，下为长方形圈足。商周青铜鼓出土和传世极少见。完整的建鼓由木腔皮鼓、鼓柱、鼓座组成。据史料记载，"植而贯之，谓之建鼓"。一根长木柱贯穿鼓身，建鼓座则用于承插建鼓贯柱，稳定建鼓。

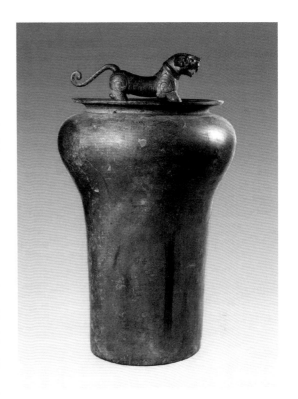

重庆中国三峡博物馆藏春秋青铜虎钮錞于

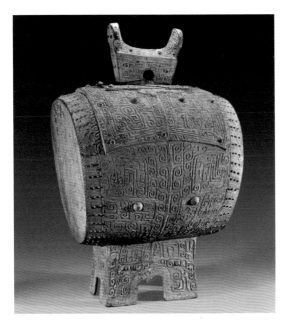

湖北省博物馆藏商晚期铜兽面纹鼓

10. 磬（qìng）

磬，打击乐器，材质一般以石质为主，青铜磬出现于商代晚期。

上海博物馆藏商晚期龙形磬

五、兵　器

青铜兵器是从狩猎工具发展而来。对于青铜时代的各国而言，"国之大事，在祀与戎"。作为国家军队必不可少的组成装备，青铜兵器在当时曾被大量铸造。虽然经历了战争与时间的大量消耗，但遗存的青铜兵器仍然是青铜器中的一个大类。青铜兵器可分为攻击型兵器和防御性兵器。攻击型兵器可以分为长兵器、短兵器、远射程兵器，器型包括有戈、戟、矛、铍、刀、剑、匕首、弩机、矢镞等；而防御性兵器主要是盾、胄、甲等。无论是攻击型兵器还是防御性兵器，当时大都与其他竹木、皮革、绳线、髹漆甚至金银珠宝玉石等多种材质一起配合制作与使用，有机类材质容易溃朽，出土往往只剩较耐腐蚀的青铜部分。

1. 戈（gē）

戈是先秦时期最常见的一种兵器，古称勾兵。戈是勾杀的兵器，使用时配在长柲上。始见于夏晚期，沿用至战国时期。戈由石器时代的石镰、骨镰逐步演变而成，完整的戈由戈头、柲、柲冒和柲末的镈构成，有些戈还配有漆木戈鞘。先秦戈的存世量巨大，不同时代和区域的形制和大小也有不同，后期和矛组合，逐渐演化为戟。

上海博物馆藏战国早期错金银龙纹戈

2. 戟（jǐ）

《说文解字》载："戟，有枝兵也。"戟是一种将戈和矛组合在一起，形成具有勾和刺击双重功能的格斗兵器，战斗效能明显优于单独的戈和矛。青铜戟，大量用于车战，为"车战五兵"之一。

甘肃省博物馆藏西周人头形銎青铜戟

3. 矛（máo）

矛，刺杀型兵器，由矛头、矛柲和矛镦构成。原始石木兵器时期就出现了矛的雏形。青铜长矛结构简单，形制设计较抗冲击力，是后期长枪的原形。青铜矛始见于商早期，沿用至战国时期。

4. 铍（pī）

《说文解字》：铍，剑如刀装者。铍是一种起源于短剑的长柄兵器，古代著名长兵器之一。铍的外形极似短剑，铍之锋和短剑相同，平脊两刃，铍身断面为六边形，后端为扁形或矩形的茎，以便穿钉固定在长柄上。铍是一种极其锐利的刺杀、格斗兵器，始见于商代，一直沿用至战国时期。

5. 剑

剑是砍杀和刺杀的两用兵器，素有"百兵之君"的美称。剑是古代贵族和战士随身佩带用以自卫防身和进行格斗的兵器，可斩可刺。东周时期，人们佩剑还有表示身份等级的意思。剑始于何时，尚无确切的发掘资料可证，但在西周早期已流行，春秋晚期至战国是青铜剑最盛行的时代。汉代铁剑流行后，青铜剑逐渐被取代。

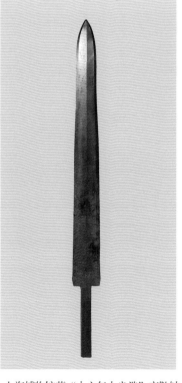
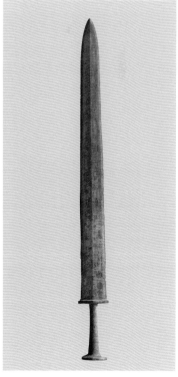

上海博物馆藏战国晚期矛（带木护夹）　上海博物馆藏"十六年大良造"商鞅铍　上海博物馆藏春秋吴王光剑

6.刀

青铜刀是商周时期人们日常使用的生产工具，生活用具和武器。刀在中原地区还作为仪仗用具，草原地区的刀作为实用兵器，使用和流行时间较长。迄今为止，中国发现最早的青铜器就是甘肃东乡林家马家窑文化遗址出土的青铜刀。青铜刀由新石器时代晚期的石刀演变而来。作为兵器主要为砍杀兵器。

上海博物馆藏商代日雷纹刀

7. 钺（yuè）

钺是具有权杖一类性质的兵器，它由新石器时代作为复合生产工具的穿孔石斧演变而来。钺者，大刃之斧也。青铜钺的政治作用远大于军事作用，属于仪仗类器物，一般作为征伐权力的象征。

上海博物馆藏夏镶嵌十字纹方钺　　　上海博物馆藏西周早期象首兽纹钺　　　上海博物馆藏西周早期龙首钺

8.弩机（nǔ jī）

弩是用机械力射箭的弓，作为中国古代
工程技术的发明之一，是由弓发展而成的一
种远程射杀伤性武器，是冷兵器时代军事中
的重要武器。弩由弓、弩臂、弩机三个部分
构成。弓和弩臂大都为有机材质，在埋葬过
程中基本都已溃朽。弩机是一种转轴连动式
的精巧青铜装置。弩机由牙、铜郭、望山、
悬刀、钩心、枢轴等部分合成一个整体。

弩机

9.矢镞（shǐ zú）

箭由矢镞、箭杆、箭羽等部分组成，矢
镞是箭头。箭是消耗品，箭杆、箭羽多为有
机材质，因此现在发现的大多是最具杀伤力
且耐腐蚀的矢镞部分。矢镞整体设计非常符
合现代空气动力学原理。青铜矢镞最早见于
夏晚期。

矢镞

江西省博物馆藏商兽面纹青铜胄

10.胄（zhòu）

胄，保护头部的服具，又称盔，汉以后又
叫"兜鍪"。胄出土量较少。

六、杂　器

虽称为杂器，实则是一个数量庞大、品类繁多的实用器群体。它包括除上述的几大类以外的所有青铜制品，大致分为货币、度量衡、符与印玺、建筑构件、车马器、生活用具等。这些杂器存世量大，公私收藏皆数量可观，传播地域广，流传时间久，很多品类已自成体系，是日常文物修复保护中遇到的数量最多的品类。

1. 工具

青铜工具，即包含青铜农具以及青铜生产工具。农业与手工业是青铜时代最基本的生产方式，青铜工具大都由早期石质、骨质工具演变而来。已经发现的青铜工具主要包括耒、耜、铲、镢、锛、锸、锄、镰、斧、凿、锯等。

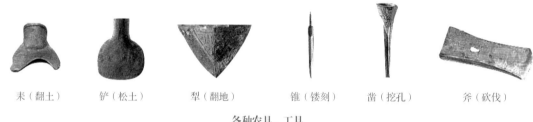

耒（翻土）　　铲（松土）　　犁（翻地）　　锥（镂刻）　　凿（挖孔）　　斧（砍伐）

各种农具、工具

2. 生活用具

生活用具包括灯具、铜镜、带钩、炊具、炉具等。

河南博物院藏汉云纹透花铜熏炉　　　　河北博物院藏西汉错金博山炉

中国国家博物馆藏西汉　　　　河北博物馆藏西汉 羊灯　　　山西青铜博物馆藏太原市金胜村赵卿墓出土
彩绘雁鱼青铜灯　　　　　　　　　　　　　　　　　　　春秋青铜虎形灶

3. 货币

　　贝是中国最早的货币，商朝以贝作为货币。我国早期的青铜货币是由青铜工具演变发展来的。根据考古发掘的钱币实物，大致可归纳为四大货币体系。周王室直接统治的都城洛邑以及三晋地区使用的由农具铲演变而来的布币体系；燕、赵以及齐国等地，从春秋晚期开始使用的刀币体系；战国中期以后，北方魏、秦、燕等国，开始出现圆形有孔的圜钱体系；南方的楚国则使用铜贝，又被称为蚁鼻钱体系。秦始皇统一中国，实行了一系列巩固封建中央集权的措施，统一货币就是其中之一。统一的货币分黄金和铜钱两种，黄金为上币，以镒为单位，铜钱为下币，按枚使用，币面铸有"半两"二字，表明每枚的重量是半两，史称半两钱。秦半两钱确定下来的这种圆形方孔的形制，一直延续到民国初期。

春秋鎏金铜贝

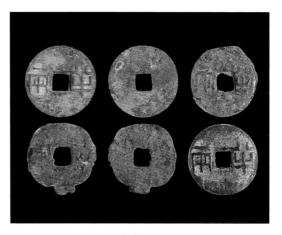

秦半两钱

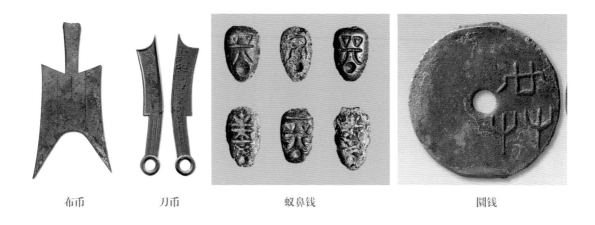

| 布币 | 刀币 | 蚁鼻钱 | 圜钱 |

4. 度量衡

用于计量物体长短、容积、轻重的青铜工具的统称。其中"度"——计量长短用的工具，例如，尺；"量"——测定计算容积的量器，例如，量、升、斗、斛；"衡"——测量物体重量的工具，例如，权。

长沙市博物馆藏东汉几何龙纹铜尺

扬州市邗江区文管办藏东汉铜卡尺

上海博物馆藏战国商鞅方升

南京博物院藏秦大驲（音规）两诏
九斤铜权

5. 符

符是古代朝廷用作凭证的信物。最早的符多以竹木为之，战国时期方以铜为之。符上书文字，剖分为二，双方各执其一，使用时以两片相合，以验真假，称为符合。兵符是古代调遣兵员的凭证。战国及秦汉时期兵符多选用虎形，故后世称为"虎符"。

陕西历史博物馆藏战国错金杜虎符

6. 建筑、家具、家装构件

凤翔县博物馆藏春秋曲尺形铜建筑构件

西汉南越王赵眜墓出土的铜制屏风构件

7. 车马器

车马器，包含车器与马器。车器是指车上的所有功能性和装饰性铜质配件；马器是指附着于马身上的功能性和装饰性铜质器具。

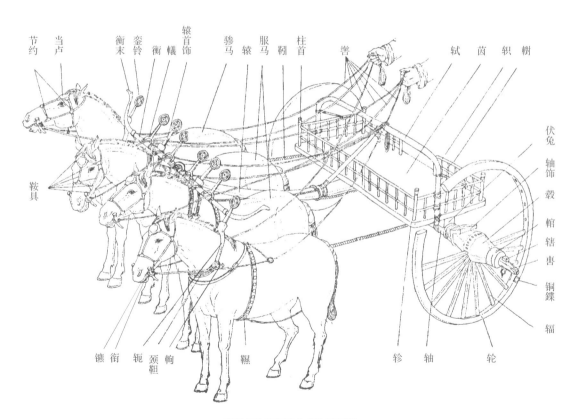

西周车马器各部分名称示意图

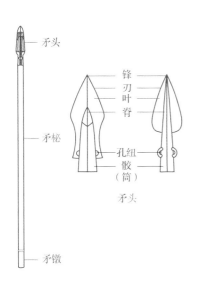

矛头

锋
刃
叶
脊

孔纽
骹
（筒）
矛头

矛柲

矛镦

矛各部位名称示意图

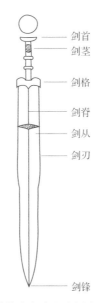

剑首
剑茎

剑格

剑脊

剑从

剑刃

剑锋

剑各部位名称示意图

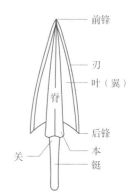

前锋

刃
叶（翼）

脊

后锋
本
铤

关

矢镞各部位名称示意图

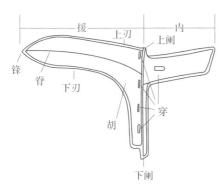

援
上刃
内
上阑

锋
脊
下刃
穿

胡

下阑

戈各部位名称

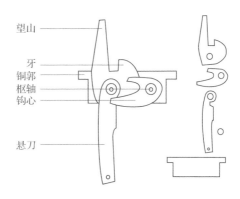

望山

牙
铜郭
枢轴
钩心

悬刀

弩机各部分名称示意图

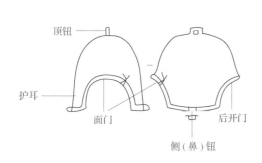

顶钮

护耳

面门
侧（鼻）钮
后开门

胄各部位名称示意图

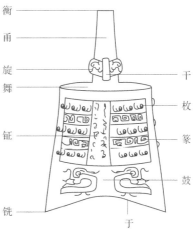

衡

甬

旋
舞
干

枚

钲
篆

鼓

铣

于

钟各部位名称示意图

器型索引

附录 II
中国古代青铜器的纹饰

中国古代青铜器中多数器物表面都有各种各样的纹饰作为装饰。青铜器修复中碰到有纹饰缺损时，补缺件雕刻的完美与否对于这件精美的青铜器的视觉呈现效果起到举足轻重的作用。

青铜器的纹饰渊源可追溯到荒古的时代。从考古实例看，它的主体发展脉络是有迹可循的。早期青铜器的纹饰吸收远古时代的各种新石器文化元素；夏代晚期，从二里头文化遗址出现的青铜戈已有简单变形的动物纹；商代到西周早期是青铜器的鼎盛时期，在纹饰上主要以兽面纹、动物纹、龙纹、凤鸟纹、乳钉纹、云雷纹等为代表，多见三层纹饰。到了西周中晚期和春秋中期，青铜器纹饰趋于简单，少见三层纹，主要有各种兽体变形纹、云纹、凤鸟纹等；春秋晚期到战国是我国古代青铜工艺新的发展时期，纹饰繁缛，线条纤细。为了方便学习和理解，总结先秦青铜器纹饰，依据纹饰主题，可以将纹饰概括总结为以下几大类别。

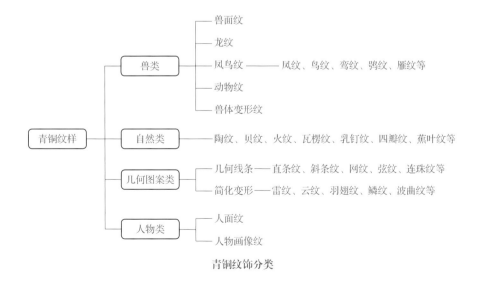

青铜纹饰分类

一、兽　类

1.兽面纹

兽面纹也称"饕餮纹"，宋代时将青铜器上表现兽的头或者以兽的头部为主的纹饰都称"饕餮纹"。兽面纹可以分为无具体形象、有具体形象以及兽体变形类。商代早期兽面纹，无具体形象，只有一对兽目，其他各部分都省略了。有具体形象的兽面纹其特点是扩大了角的部位，兽目相对的缩小，以鼻梁为中心对称展开。商晚期至西周早期兽面纹最为发达，种类也最多，特点是突出了角型的变化。此后又发展出一种由两种或两种以上动物变形后合体组成的，在构图上类似兽面的兽面纹。

无具体形象只有兽目的兽面纹（商代早期）

鼻　眉　目　下颚　耳　角躯干　足

有具体形象的典型兽面纹（商晚期 – 西周早期）

鸟兽合体兽面纹

龙蛇集群兽面纹

合体兽面纹

外卷角型兽面纹

内卷角型兽面纹

长角型兽面纹

环柱角兽面纹

曲折角兽面纹

长颈鹿角型兽面纹

龙角型兽面纹

牛角型兽面纹

虎头型兽面纹

各种角型的兽面纹

2. 龙纹

青铜器纹饰中，凡是蜿蜒形躯体的动物都可归于龙类。龙在商代人的心目中是多种多样的，古籍中对龙的记载也是各不相同。商代早期纹饰抽象，龙纹的形象不太具体，但是商代中期的青铜器已有形象生动、形态各异的龙。龙纹又称"夔纹"或"夔龙纹"。自宋代以来的著录中，在青铜器上凡是表现一足的、类似爬虫的物像都称之为夔，这是引用古籍中"夔一足"的记载。其实，一足的动物是双足动物的侧面形象。青铜盉、罍、醽等盖上的立体龙的形象，从来就是两足，在尊或簋的耳部以整体龙作为装饰时有两足或四足，从无立体一足的龙，所以这里不采用"夔龙"这个传统的名词。按照图案的结构，龙纹又可分为卷体龙纹、爬行龙纹、双体龙纹、两头龙纹、交体龙纹等。

卷体龙纹

爬行龙纹

两头龙纹

龙兽合体

双体龙纹

交体龙纹（交龙纹）

3. 凤鸟纹

凤鸟纹包括凤纹和各种鸟属的纹饰图案。分别有各种长短尾、有冠、有角或鹰、鸷、枭等鸟类。凤纹、鸟纹会同时出现于一器。

鸟纹：鸟纹的特征比较形象，在商代早期和中期青铜器纹饰上很少以鸟作为装饰主题，有变形鸟纹，但常布置在纹饰中次要的陪衬地位。商末周初青铜器上凤鸟纹大量出现，鸟纹中绝大部分的鸟喙是闭合的弯钩形，和鸷鸟的喙相似，个别的鸟喙也有张开的，见于西周早期的式样。鸟纹都有角或毛角，角的形制大致有弯角、长颈鹿角和尖角。鸟纹的躯体大多只有禽形躯体，没有羽翅，有时因图案结构的需要，作长条尾形，类似鸟首龙体。

尖角鸟纹

弯角鸟纹

鼎足造型鸟纹

长颈鹿角鸟纹

凤纹：凤是羽饰和鸟冠华丽的想象中的神鸟，凤纹除了华丽的冠外，它的躯体和尾部也有很多的变化，凤冠大致有多冠（商末周初）、长冠（殷墟中到西周晚）和花冠（西周）三种形式。凤鸟纹尾部变化较多，有卷尾、长尾、垂尾和分尾等几种形式。长尾的尾部是整个体躯的三倍，可谓极度的夸张，尾端有上卷和下卷的不同；垂尾因尾部较宽而作下垂状；分尾的尾部与体躯分离，尾端有上卷和下卷之分。

卷体凤鸟纹

花冠凤纹

高冠卷尾凤纹

多齿冠垂尾凤纹

长冠分尾凤纹

长冠卷尾凤纹

变形凤鸟纹

鸾纹：鸾是鸣声优美的神鸟，形象如鸡，举首而立，多饰在乐器鼓中的打击处。鸾鸟鸣声如音乐，这是用途和纹饰相应的实例。盛行于西周中、晚期。

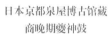
日本京都泉屋博古馆藏
商晚期夔神鼓

鼓上方的双鸟即为鸾鸟（正、侧面）

鸮纹（鸱枭纹）："鸮"读 xiāo，是古代对猫头鹰一类猛禽的总称，亦称"鸱枭""鸱鸮"，鸮纹通常强调大眼睛，头上有一对毛角，两翅较大，鸮纹在商代中晚期至西周中期大量出现，精美奇特。

雁纹：雁是鸟纹中写实的形象，具有北方地区的风格，属春秋晚期。

鸮纹

雁纹

4.动物纹

动物纹是以现实世界中的动物为原型，不是想象的动物。有马、牛、羊、鸡、犬、猪六畜，还有象、鹿、犀、虎、兔等野生动物和一些变形的动物如长鼻兽（食蚁兽）、蜗身兽（蜗牛）等，还有一些小型动物，如蛇、蝉、鱼、蟾蜍等不能独立，无所归属，也都列入动物纹。属于这些动物的正面形象已归入兽面纹的各种角型，但动物的侧面及全躯形象不能列入兽面纹，属动物纹。

象纹

牛纹

鹿纹

长鼻兽（食蚁兽）纹

蜗身兽（蜗牛）纹

虎纹

兔纹

蛇纹

蚕纹

龟纹　　　　　　　　　　　蛙纹

鱼纹

5.兽体变形纹

兽体变形纹：其主体不具备某一动物的整体形状，只有象征性的兽体一部分的变形，在现实生活中不可能存在的动物，称之为兽体变形纹。兽体变形纹可分为以下几种：

第一种是只保留兽体的一部分。多数是素面的，没有底纹，有的也有底纹，但仍然没有纹饰实相的整体感。

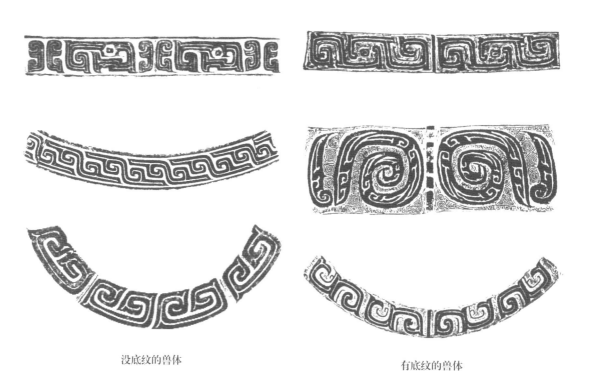

没底纹的兽体   有底纹的兽体

第二种是突出表现象征性的大兽目，但其余部分仍然做得相当精美，如以细密而有规则的雷纹组成，或者只剩下大兽目。

突出大兽目

第三种兽目交连纹，也突出表现兽目，但两兽的某一部分相互连接，如两兽的头部相连，连接处是"目纹"。还有两兽躯体相连接，两尾上下相连或者左右相连，连接处均为目纹。

无底纹兽目交连纹

有底纹的兽目交连纹

二、自然类

以自然界或者生活中的事物为原型的纹样。

贝纹：在青铜器上均作横置排列，出现较晚。一般作为界栏性的次纹饰出现在圈足等部位，从来没有作为主纹出现过，盛行于春秋战国之际。

陶纹：也称"绳纹"，是绳绞结的形状，在构图中是由二条、三条、四条甚至九条单线绞结而成，流行于春秋战国时期。

瓦楞纹：横条的立体形状样式，称为瓦楞纹。

火纹：也称"涡纹"，火纹也被认为是太阳的标志，圆形是主要特征，中间略有突起，边缘有若干旋转的弧线，表示火焰的流动。

乳钉纹：突出于表面的圆形乳钉状纹饰。

四瓣纹：又称"四瓣目纹"，以兽目居中，四角附有四个如瞪大眼睛的花瓣样纹饰，每瓣中间均凹入，有的四周填雷纹。一般构成两方连续图案，作边缘装饰，多见于商代。战国时仍有，纹饰略有变异。

蕉叶纹：一端较宽，一端尖锐，类似蕉叶的形状，内部常填充有两兽的身体躯干作纵向对称排列。这类纹饰大多施于瓢的颈部和鼎的腹部。

贝纹

陶纹

瓦楞纹

火纹

乳钉纹

四瓣纹

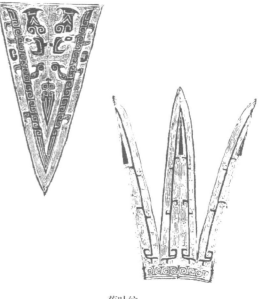

蕉叶纹

三、几何类

由线条组成的有规律的纹饰，这种纹饰在原始社会的彩陶上早已出现。青铜器上属于几何类纹饰的形式比较多，可以分为几何线条类和简化、变形图案类。简单的几何纹在早期的青铜器上就有作为主纹出现。在兽面纹、龙纹盛行的时期，几何纹一般只作为主纹的陪衬或底纹使用，在这些纹饰衰退的时代几何纹又大量起用。

1. 几何线条

直条纹：是连续的直线条组成的纹饰，除条纹粗细外，没有什么大变化。也有将粗线条凸出或凹陷，旧称沟纹。商代晚期到西周时代簋、尊、卣、觯的腹部有条纹，方座簋的方座中间也常饰直条纹。春秋时已不多见。

弦纹：是青铜器上最简单的纹饰，为一根凸起的直线或横的线条，大多数情况下是作为界栏出现的。

斜条纹：就是弦纹作 V 字形，大多饰于分裆鼎及鬲的下腹部，初见于商代中期，西周时代还有使用。

网纹：是用斜线交错如网形。商代早期的青铜爵、斝上有，以后就很少发现。

连珠纹：是小圆圈的横列排列。这是青铜器中最早出现的纹饰之一。以连珠纹作为界栏性的纹饰一般是在商代早、中期，以后很少出现。但这种纹饰大多作为次要纹饰和主要纹饰兽面纹、龙纹、雷纹的上下分栏。

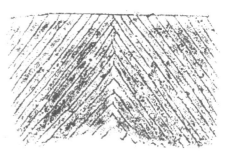

弦纹和连珠纹

网纹
夏晚期网格纹鼎
二里头夏都遗址博物馆藏

直条纹

斜条纹

2. 简化变形

所谓简化、变形是指该纹饰采用其他纹饰的一部分，或将这些纹饰加以简化、变形，几何化后形成的抽象图案的纹饰。

雷纹：由方折角的回旋线条组成的纹饰，大多作为青铜器的底纹使用，雷纹有许多形式。

云纹：由柔和回旋线条组成的是云纹。商代早期已有连续带状的云雷纹作为主纹的青铜器；后云雷纹常被填在兽面纹、龙纹、鸟纹的空隙处，低于主纹，起陪衬作用；战国开始云雷纹发展成为卷云纹和流云纹，秦汉时期云纹繁荣。云纹有象征吉祥美好的寓意，是审美意识发展的体现。

羽翅纹：微型的羽翅状，粗端作为雷纹状盘旋，细端作尖锐状，常用多叠的方式整齐排列。

波曲纹：旧称"环带纹"，主体为宽阔的带状躯体上下大幅度的弯曲。在波曲的中腰常有一兽目或者近似兽头形的突出物，波峰的中间填以龙纹、鸟纹或其他简单的线条。

鳞纹：以龙蛇躯体上的鳞片排列而组成的纹饰，排列的方式有连续式、重叠式、并列式三种。

云雷纹

曲折雷纹

菱形雷纹

三角雷纹

钩连雷纹

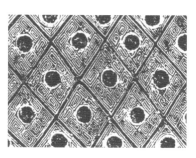

百乳雷纹

云纹与目纹的组合

云纹

羽翅纹

波曲纹

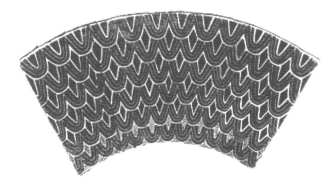

鳞纹

四、人 物

以人物为主要对象的纹饰，可分为人面纹和人物画像纹两类。

人面纹：人的面部特征为图案的纹饰，有时也非写实，或可称半人半兽的怪神。比较有名的就是湖南省博物馆藏商大禾方鼎。人面纹盛行于商代晚期，之后各时期有少量发现。

人面纹

商大禾方鼎人面纹

人物画像纹：以写实的手法描绘社会生活，如宴乐、戈射、采桑、狩猎等活动和士兵搏斗、攻城、水战等的战争场面。这类纹饰在青铜器上出现较晚。已经初步摆脱了规律化的对称图案，而是用流畅的线条结合绘画和雕塑的手法描绘出各种动、静场景。

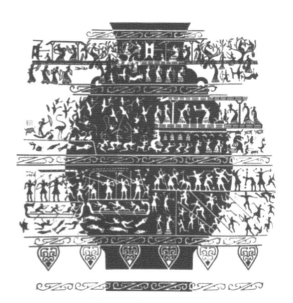

战国宴乐渔猎攻战纹壶图

士兵搏斗图

五、多种纹饰在器物中的组合

上海博物馆藏商中期兽面纹罍

· 腹部和颈部饰有兽面纹，颈部兽面上下有弦纹和连珠纹作为分界栏。青铜纹饰的装饰手法，由于模具的互翻，线条会呈现粗犷和纤细的两类，也就是常说的阴纹和阳纹的区别。这种现象会同时出现在一件器物上，两个图案各用不同的线条构成，即便都是兽面纹，但会呈现不同的效果，这件罍就是很好的例子。

上海博物馆藏西周早期妊簋

· 颈部以中间小兽为界，左右饰以三组头部相对的蛇纹；腹饰百乳雷纹；耳饰象形；足饰爪形，其上有龙纹。

上海博物馆藏商代晚期亚父方罍

- 其纹饰从上至下分了六层，以中间的兽首及扉棱为中心线，左右对称。第一层（颈饰）弯角鸟纹；第二层（肩饰）折角龙纹；第三层（肩腹饰）弯角鸟纹；第四层（腹饰）外卷角兽面纹；第五层（下腹饰）内卷角兽面纹；第六层（圈足饰）弯角鸟纹。其中各龙、鸟纹相互对望。

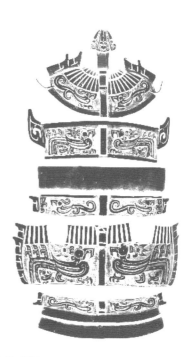

上海博物馆藏西周早期凤纹卣（父丁卣）

- 体腹部和盖圈表面饰以凤纹，颈部、盖顶圈和圈足饰以弯角鸟纹，装饰以凤纹和鸟纹结合，稍分主次。颈腹与盖中心饰直条纹。

交龙纹

羽翅纹

交龙纹

龙纹

上海博物馆藏战国早期龙纹壶（里昂·勃兰克捐）

· 从上到下分别饰有交龙纹、羽翅纹、交龙纹、龙纹。

法国巴黎池努奇博物馆藏商晚期虎卣

· 整体作猛虎蹲踞状，虎张口獠牙，前脚利爪紧抱一似人非人之物（手足四趾之故）于胸前，怪人头正
  置于虎口。怪人侧视，双手高攀虎肩，面无恐惧表情，双脚半蹲，踏于虎足上。圆形卣口，盖口深入
  器内。立鹿盖钮，肩部设有提梁。以虎的后两足和卷尾作为三个支点支撑器体。通体各种动物的组合
  纹饰，空隙处满饰雷纹。

· 虎：虎背扉棱，从盖延至虎尾。前足饰回头舒体大龙纹，在龙纹之下另有一小龙，在大龙头侧有一更
  小的龙，龙角都是长颈鹿角型。臀后足饰卷鼻形似貘的兽，此兽的尾端有一个头很大躯体很小的龙。
  虎背后饰牛角形大兽面纹，在牛角空隙处，置一羊角形的卷角。兽面的鼻下连着一条虎尾（形似象
  鼻）。虎尾饰鳞纹。

· 怪人：上臂及肩部饰鸟纹、臀至上腿为对称的蛇纹。背部兽面纹，衣肩菱形方格纹。头两侧有对称蛇
  纹延手臂边缘至虎口两侧。

· 器底：长颈鹿角型龙纹和鱼纹。

参考书目

马承源.中国青铜器[M].修订版.上海：上海古籍出版社,2003.

陈佩芬.夏商周青铜器研究[M].上海：上海古籍出版社,2004.

陈佩芬.中国青铜器辞典[M].上海：上海辞书出版社,2013.

谭德睿,陈美怡.艺术铸造[M].上海：上海交通大学出版社,1996.

朱凤瀚.古代中国青铜器[M].天津：南开大学出版社,1995.

大卫·斯考特.艺术品中的铜和青铜：腐蚀产物、颜料、保护[M].马青林,潘路,译.北京：科学出版社,2009.

程长新,王文旭,陈瑞秀,铜器辨伪浅说[M].北京：文物出版社,1999.

贾文忠.文物修复与复制[M].北京：中国农业科技出版社,1996.

赵振茂.青铜器的修复技术[M].北京：紫禁城出版社,1988.

马里奥·米凯利,詹长法.文物保护与修复的问题[M].北京：科学出版社,2005.

刘树林.金石杂项类文物修复[M].北京：中国书店,2011.

胡东波.文物的X射线成像[M].北京：科学出版社,2012.

曹子玉.贾氏文物修复之家[M].北京：人民日报出版社,1998.

潘炼,张江,朱黎.苏派青铜文物修复技艺研究[M].上海：上海科学技术出版社,2021.

国家文物局博物馆与社会文物司.博物馆青铜文物保护技术手册[M].北京：文物出版社,2014.

中国文化遗产研究院.中国文物保护与技术修复技术[M].北京：科学出版社,2009.

中华人民共和国国家文物局.馆藏青铜器病害与图示：WW/T0004–2007[S].北京：文物出版社,2008.

李震,贾文忠.青铜器修复与鉴定[M].北京：文物出版社,2012.

河南省文物考古研究所.古代青铜器修复与保护技术[M].郑州：大象出版社,2014.

南京博物院.青铜文物保护与修复[M].南京：江苏美术出版社,2012.

刘雄.青铜器鉴定基础[M].北京：北京大学出版社,2018.

上海博物馆青铜器研究组.商周青铜器纹饰[M].北京：文物出版社,1984.

胡金兆.百年琉璃厂［M］.北京：当代中国出版社,2006.

王文昶.青铜器辨伪三百例［M］.北京：紫禁城出版社,2009.

上海博物馆.练形神冶莹质良工——上海博物馆藏铜镜精品［M］.上海：上海书画出版社,2005.

切萨雷·布莱迪.修复理论［M］.陆地,译.上海：同济大学出版社,2016.

程长新,程瑞秀.古铜器鉴定［M］.北京：北京工艺美术出版社,1993.

表面处理工艺手册编审委员会.表面处理工艺手册［M］.上海：上海科学技术出版社,1991.

周泗阳,万山.中国青铜器图案集［M］.上海：上海书店出版社,1993.

廉海萍.东周铜兵器菱形纹饰技术研究［J］.中国文化遗产,2004(3)：43.

贾文忠.浅谈青铜器修复［J］.中国文物科学研究,2008(2)：57-65.

刘煜.试论殷墟青铜器的分铸技术［J］.中原文物,2018(5)：82-89.

李玲,卫扬波.五年完成五百余件青铜器的保护修复——随州文峰塔曾国墓地出土春秋晚期至战国中期青铜文物的保护修复研究［N］.中国文物报,2018-01-05(5).

后 记

　　本书的出版得益于上海文化发展基金会的资助，以及上海博物馆和上海科学技术出版社的鼎力支持，在此对所有提供帮助的机构和个人表示诚挚的谢意。书中文物以上海博物馆藏为主，修复案例则精选自笔者亲自参与的项目，为了更全面地呈现相关主题，部分文物来自其他博物馆和文博机构，在此向所有博物馆和文博机构表示衷心的感谢。本书收录的材料截止于2023年，鉴于文物领域的知识不断更新，文物工作者的认识也在不断深化，以及查询文献和资料中可能存在的遗漏，书中难免存在不足和疏漏，诚挚地希望读者和同行在阅读过程中不吝赐教，提出宝贵的意见和建议。

作者谨识

2025 年 1 月

图书在版编目（CIP）数据

海派青铜器修复技艺 / 钱青，龚品豪著. -- 上海 ：
上海科学技术出版社，2025. 1. -- ISBN 978-7-5478
-6958-1

Ⅰ. G264.3；K876.41

中国国家版本馆CIP数据核字第2024R21A12号

本书由上海文化发展基金会图书出版专项基金资助出版

海派青铜器修复技艺

钱　青　龚品豪　著

上海世纪出版（集团）有限公司
上海 科 学 技 术 出 版 社 出版、发行

（上海市闵行区号景路 159 弄 A 座 9F-10F ）
邮政编码 201101　　www. sstp. cn
上海雅昌艺术印刷有限公司印刷
开本 787 × 1092　1/16　印张 18.5
字数 380 千字
2025 年 1 月第 1 版　2025 年 1 月第 1 次印刷
ISBN 978-7-5478-6958-1/TS · 264
定价：198.00 元